1年目を
生き抜く

動物病院
サバイバルノート
〈 おかわり 〉

学窓社

監修にあたり

1年前にこの本のもとになるサバイバルノートを監修しました。さらに今回は前回載せられなかった部分を補強部分として、「おかわり」という形で監修、出版することになりました。少し細かい分野もありますが、大切な部分でしたので、やはり外すことができませんでした。

前回この本を出版してみてとても良かったなと感じたことは、若い先生たちはとてもたくさんの勉強をしていて、たくさんの知識を得ています。そしてその頭脳を生かして認定医などの取得に努力をしている人がとても多いということです。しかしながら極端な話をすれば、いくら血液検査の知識を持っていても、採血ができなければ血液検査ができません。超音波の画像をみる知識はあっても臓器を描出できなければ診断はできません。逆に、技術があれば知識がなくても将来的にその知識の部分はAIにとって代わってしまう可能性がとても高いのです。この本はそういう意味では、技術の部分を強化できる可能性を秘めた本だと思います。人の持っている技術の部分はAIにとって代わることは難しい部分だからです。この本を真のサバイバルノートとして生かしていただければ大変嬉しく思います。

そして今回も沢山のきれいなイラストを描いていただき、この本のたたき台を作っていただいた北見まきさん、学窓社の山口啓子社長をはじめスタッフの皆さま、忙しい時間を割いて担当を受けていただいたエンベット動物病院グループの先生方に深く感謝いたします。どうもありがとうございました。

2020年3月吉日
藤井康一

── はじめに ──

この度は『1年目を生き抜く 動物病院サバイバルノートおかわり』をお手にとっていただき、誠にありがとうございます。まさかの続編です。

本書は前巻で「これも書いておけば良かったかな」と思った項目のまとめです。なので『2』ではなく『おかわり』という題名にしました。1年目で知っておきたいこと、というのは変わりありません。また、本書は前巻を既に読んでいることを前提にして書(描)いています。たまに出てくる「前巻参照」とかいう記述はこのためです。未読の方は、機会があれば前巻も読んでみてください。前巻を既に読んでくださった方、今回もどうぞよろしくお付き合いください。

さて、2019年に愛玩動物看護師の国家資格化が決定しました。本書(および前巻)は卒後1〜2年目の獣医師向けに描いていますが、ポリクリを控えた学生さんや、今後業務の幅も必要な知識や技術もぐっと広がることになる動物看護師さんにも読んで欲しいと思っています。知識と技術を磨いて、一歩デキる動物看護師を目指してください。

以下、前巻でも書きましたが大事なことなので再掲。
本書は私が1年目で叩き込まれた知識・技術と監修の先生方の経験則をベースに書(描)かれています。なので、「うちの病院とやり方が違う」という点も多々あるかもしれません。
手技というのは「一定したやり方」というものは存在しますが、ある程度「個人のやり方」「その施設のやり方」が混ざってしまうものです。もしあなたの勤めている病院とやり方が違うなら、本書の内容は、「こういうやり方もある」という参考情報に留めて、その病院や先輩のやり方に従ってください。いらん波風を立てないためにも(病院生活では円滑な人間関係が一番大事だったりするのです…)。

今回も藤井先生をはじめ、エンベット動物病院グループの多くの先生方に大変お世話になりました。雑文、雑知識を辛抱強くみていただき整えていただいた手腕に感謝いたします。

この本があなたの助けになれますように。

2020年3月 北見まき 🐾

3

目　次

■総監修　藤井康一（藤井動物病院〈エンベット動物病院グループ〉）

■原案・イラスト　北見まき（獣医師）

■監修（各章）

1・9・10章：小野隆之、小野美和、吉田昌則、村田里穂、滝田隼也
　　　　　　（マーサ動物病院〈エンベット動物病院グループ〉、
　　　　　　マーサ動物医療センター）

2・4・5章：中丸大輔、梶賀 綾、古谷遥香
　　　　　　（なかまる動物病院〈エンベット動物病院グループ〉）

3・11章：藤井康一
　　　　　　（藤井動物病院〈エンベット動物病院グループ〉）

6・7・8章：宗像俊太郎、北宮絵里、石川博雅、片山達也、金子太樹、南てるみ、高橋 悠
　　　　　　（あさか台動物病院〈エンベット動物病院グループ〉）

前巻も
よろしくねー♡

1.

皮膚検査

◆検査法と主な適応は？◆

局所麻酔含め, 麻酔や鎮静が必要なくて, 院内で迅速診断が可能な検査を挙げています。

1. 抜毛検査

→ 真菌や寄生虫感染の有無, 毛周期の確認

2. スクレーピング

→ 主に毛包虫症(ニキビダニ)を疑うとき, あと疥癬(ヒゼンダニ)も。

3. 押捺(or 粘着テープ)法

→ 細菌や真菌の感染の有無

4. ウッド灯検査

→ 皮膚糸状菌(M. Canis)感染の有無

5. FNA

→ 体表・皮下腫瘤がある, リンパ節が腫れている。

もっと攻めたければ トレパンなどを使った生検もあるよ。ただし局所麻酔は必須。

後述します。

◆抜毛検査◆

〈用意するもの〉

毛周期をみたいだけなら 流動パラフィンでも OK

1. 鉗子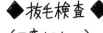

2. KOH溶液

KOH-DMSOだと より good。

病原体が 検出しやすくなるよ。

3. 鏡検セット

〈毛をください〉

1. 病変部や周辺の被毛を 少量鉗子で抜いて,

ぷち

2. 毛根部をスライドグラスに載せて, KOH-DMSOを1滴垂らして カバーグラスをして鏡検。

毛先長かったら先端カット

疑わしかったら 培養してみよう。

DTM培地

◆ スクレーピング ◆ 皮膚掻爬検査とも言います。

ニキビダニ

〈 用意するもの 〉

1. 鋭匙　　　　　2. KOH溶液　　　　3. 爪揚子　　　4. 鏡検セット

耳かきみたいな
形にてます。

KOH-DMSOなら
より good.

メス刃の峰部分使ってもOK

← こういうとこ。
刃の部分で自分や動物とスッパリいっちゃわないようにね。

〈 やり方 〉

1. 鋭匙のくぼみに
KOH溶液を1滴垂らしたら,

2. 病変部を鋭匙でガリガリ削ります。

ガリ ガリ

ごめんよう…

かわいそうだけど,
血がにじみ出るまで。
毛包虫は毛穴の奥に
潜んでいるので…。

3. 溜まった削り片を爪揚子で取って,

爪揚子のお尻を使うと
取りやすいよ。

4. スライドグラスに乗せてカバーグラスかけて
鏡検します。

塊状になってたら
KOHと爪揚子でならします。

◆ 押捺 (or 粘着テープ) 法

〈 用意するもの 〉

1. スライドグラス or 粘着テープ　　　2. 綿棒　　　3. 染色セット

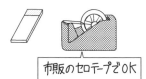

市販のセロテープでOK

前巻で描きました。
ディフクイックでも ライトギムザでも。

〈ぺったんします。〉

1. 病変にスライドグラス or 粘着テープを
押し当てます。

病変部に痂皮や鱗屑が
あったら, その下に当てます。

押し当てにくい
指間とか

皺襞には

シャーペイ

綿棒で採取して
転がすようにスタンプ

なお, 膿疱の場合は,

消毒はアル綿かける程度でOK。
アル綿とかで拭っちゃうと角質層はがれたりするから。

表面を消毒して,

表皮の細菌がコンタミするのを防ぐため

針で刺して, 中身を絞り出して, それに対してスタンプします。

2. 染色して鏡検

粘着テープの場合,
スライドグラスに染色液を垂らして
貼りつけてもOK。

脂肪滴が観察できます。
固定→染色 でも良いけど,
それだと脂肪滴はみえないよ。

◆ ウッド灯 ◆

本来は発光色により検出できる病原体はいくつかあるんだけど,
獣医療では主に皮膚糸状菌(M. Canis)の検出で使ってます。

緑黄〜青緑色に発光

ちなみにテトラサイクリン系外用薬も
似た色を発光してしまうので,
検査する前に使用してないか聞いておこう。

ただし,

ウッド灯は検出率50%くらいと言われています。
「発光なし = 感染なし」ではないので, そこは気をつけてね。

〈やり方〉

1. 暗室にて使用しましょう。

ちょい待ち

ウォームアップは1分くらい。
5〜10分という報告もあるので
使用するウッド灯の説明書を
よく読んでね。

2. 照射します。

病変部とランプの距離は
5cmくらい。

すぐに反応しないこともあるから
3〜5分くらい照射しよう。

◆FNA◆ fine needle aspiration の略

吸引をする方法としない方法があるよ。 → 吸引しないのは正確にはFNB(~biopsy)だけど便宜上FNAとしてまとめています。

〈用意するもの〉

1. 23G 注射針

2. スライドグラス
コート処理済

3. 5mL シリンジ

4. 延長チューブ
→ 必要に応じて

〈吸引しない場合〉 ← 軟らかい組織(ほとんどの体表腫瘤,リンパ節など)で適用

1. 病変部を指で摘んで動かないように固定
必要に応じて,毛刈りと消毒もします。コンタミを防ぐため

2. 針を病変部に刺します。
ぷす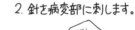
鉛筆持ちだと安定するよ

3. 針を上下に細かく動かしながら,抜かずに扇形に3方向から刺して採取します。

4. 針を抜きます。
針基部の穴を指の腹で押さえると採った組織が針内に維持できます。

多いと吹きつけの勢いが強くて組織壊れちゃうよ…。

5. シリンジに 2mL ほど空気を入れて,
ぐい

針に接続して
かち

端は避ける。
染色しにくいから。

スライドグラス上に吹きつけます。
もう1度吹きつける場合,針は外してから空気入れようね。シリンジ内に組織入っちゃうよ…。

あとは押捺標本とかにして染色,鏡検するだけです。

〈吸引する場合〉──< 硬めの腫瘍や非上皮系組織,吸引なしでうまくいかなかったとき

シリンジに針を直接つないでやる人もいるけど,

↓

手の小さい人や不器用な人は延長チューブを挟んで
助手に吸引してもらうと楽だよ。

1. 基本的には吸引なしのときと同じ

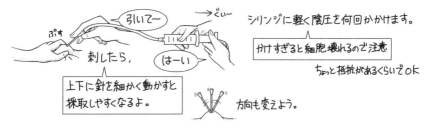

ぷす
引いてー
ぐぃー
刺したら,
はーい

シリンジに軽く陰圧を何回かかけます。

かけすぎると細胞壊れるので注意

ちょっと抵抗があるくらいでOK

上下に針を細かく動かすと
採取しやすくなるよ。

方向も変えよう。

2. 針を抜くときは

抜くよー
STOP

吸引を解除します。

吸引したまま抜くと,せっかくの採取した
組織がシリンジに吸いこまれます…。

3. 針とチューブを外してから

ぐぃー
シリンジに
空気を入れて

カチッ
針につないで

吹きつけます。

あとは染色&鏡検です。

無麻酔で行える皮膚検査はこんな感じです。
これだけやっても原因がわかんないこともあって,そんなときは
少し攻めた検査が必要になります。

次ページをみてね!

詰んだ…

◆ 皮膚生検 ◆

ここまで挙げてきた検査で原因がわからない場合, 生検をします。
一番手軽なのは, トレパンを使ったパンチ生検かな。

> メス使う方法もあるけど
> オペに準じた準備が必要

〈用意するもの〉

1. 局所麻酔薬

2. トレパン

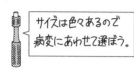

> サイズは色々あるので
> 病変にあわせて選ぼう。

3. バリカン or 鋏

4. 油性ペン

5. ろ紙

6. ホルマリン入り容器

> たっぷり入れます。

7. 滅菌グローブ

8. ドレープ (穴あり)

9. 縫合セット

〈やり方〉

1. 生検部位の毛刈りをして,

> 病変を傷つけないように
> 注意してね。
> 場合によっては鋏でカット

ぶぃーん

油性ペンでマーキングします。

きゅ

刈った毛は掃除機で吸いましょう。

2. 消毒…はしません。

フワッ え?!

> 同様の理由で, 生検の
> 2週間前からシャンプー禁止です。

なんでかってゆーと, 病変部が壊れる可能性があるから。
もし消毒するなら, アル綿とかでゴシゴシ擦らないで,
アルスプかける程度にします。

NG

13

3. 皮下に局所浸潤麻酔をしたら，

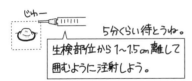

じゅー

5分くらい待とうね。

生検部位から1〜1.5cm離して
囲むように注射しよう。

ドレープを敷いて，グローブを装着

きゅ

4. トレパンを皮膚に垂直に当てて，

ぐい↓

くる

くる

同一方向にくるくる回します。

逆回しはNG

5. 皮下の脂肪層まで貫通すると抵抗が少なくなるので，

トレパンを
抜いて，

トレパンで採取できるのは皮下まで。
もっと深い部位まで狙うなら，
メス生検になります。

くさび形生検

皮下組織とピンセットで
軽くつまんで，

ちょっきん　鋏で切ります。

びまん性病変の場合，正常部との
境目も含めて数カ所から採取

6. ガーゼなどで圧迫止血して，　1〜2針縫合します。

ぎゅー

7. 採取したサンプルは，

ろ紙に乗せて

30秒くらい放置して接着させます。

標本作成してほしい断面方向を
ろ紙に記入します。

毛の走行方向とかね。

ホルマリンに入れて
検査会社へ

2.

X線検査

◆ ポジショニング命 ◆

CT好き。

CTなどの高度画像診断が普及してきた現在でも,最小限の侵襲で検査可能なX線撮影は重要な検査です。

ただし。

特に日本は無鎮静で撮るので,保定が大事。

ポジショニングをしっかりしないと読めるものも読めないよ。

以下,デジタルでの撮影を前提に描いてます。

現像液は学生の頃に実習でしかやってない…。

◆ 撮影をする前に ◆

〈必要ないものは外そうね…〉

頚部の病変主訴で紹介されてきたのに首輪の写ったX線画像が添付されてて「なにこれ…」となったことが何度かあります。病変見落とすよ…。首輪,リード,服など,余計なものは外しましょう。

カラーはOK。後で描きます。

あと,毛が濡れてると画像に影響するから乾かしてからね。

エコー後とか注意

〈被曝対策,できてる?〉

本書内イラストは手袋してないけど,本当はしないとダメよ。

1回の被曝量は少ないかもしれないけど,1日に何度も撮ってると蓄積されてしまうのは明らかです。

- ・防護エプロン
- ・甲状腺ガード
- ・防護手袋 …は忘れずに装備しましょう。

わ〜い フルそうびだー おも〜い

甲状腺ガード

防護エプロン

防護手袋

鉛入ってるからフル装備すると重いけどね…。

女性サイズで5kくらいかな。

手袋はあくまで散乱線をガードするものなんで,装備してるからって照射野に手袋入れて撮影はNG。

↑たまに写ってるのあるけど。

フィルムバッチ(線量計)も忘れずにね。防護エプロンの下につけます。(男:胸,女:腰)

ただ信じられないことに病院によっては支給してないんだよなぁ…。

もにょる〜。

女性は妊娠がわかった時点で撮影しちゃダメだよ。法律でも決まってるよ。

ほかにも ・電離放射線健康診断(撮影する人全員,年1回)
・撮影室の散乱線漏洩線量測定(6ヵ月超えないごとに1回),が義務付けられてるよ。

◆ 撮影位置と撮影条件と照射範囲と… ◆

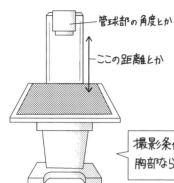

管球部の角度とか

ここの距離とか

装置導入時に基本はセットされてるけど, 何らかの理由 (掃除したときにズれたとか) で位置が変わってることあり。

ぱっと見で「あれ？位置おかしくない？」と思ったら 念のためチェックしておく方が無難です。

撮影条件も導入時にプリセットされている筈なので, 胸部なら胸部, 腹部なら腹部条件で撮ります。

じゃないとコントラスト おかしくなるよ。

照射範囲は,

スイッチ ダイヤル

管球部にスイッチとダイヤルがあります。

スイッチを押すと照射範囲が 中心が十字印で照らされるので,

ダイヤルで範囲を調節します。

CRで異なる大きさのカセッテを使う場合, カセッテにより範囲が変わるので注意。

DRはラクなんだけどね。

◆ 撮影のきほん ◆

〈 VDとラテラルって？ 〉

腹部のVDを1枚撮ってきて!!

とか, よく聞く用語だよね。

いえっさー

VD (ventrodosal) とは仰向けのこと。「腹背」とも言います。 逆に, うつ伏せはDV (dorsoventral) で「背腹」。

X線が照射される側が 前にくるよー。

VD撮影するときはX線透過性素材でできた 固定台を使うと安定するよ。

17

ラテラル (lateral) は横臥位での撮影のこと。
通常は右側を下にした RL (right lateral) だけど
左が下の LL を撮るときもあるよ。

キホン的には直交する
2方向以上で撮るよ。 ↑→

左右差がみたいとき、肺野の状態や
腫瘍の確認でも使います。

3方向撮影ってのは VD、RL、LL のこと。

マーカー
忘れずにね。
LR

〈 撮影のタイミング 〉

呼吸をよく見て、

 胸部なら最大吸気時

 腹部なら最大呼気時

 フットペダルは半押しで
スタンバイしといて、

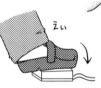 えぃ

呼吸のタイミングが合ったときに
押しこむとロスが少なくて済むよ。

(困ったぞ。パンティングしててタイミングがわからん。) 浅速呼吸のときもね…。

 たまにあります。
テキトーなタイミングで
撮るよりも、

 口と鼻を手で押さえて
一時呼吸停止。

→

 すぅっ

手を離した瞬間大きく息を吸います。
これが最大吸気時。

〈 カラーしてる場合 〉

金属製のスナップボタンは X線で写っちゃうので、

VD

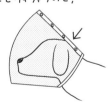

ラテラル

読影のジャマにならない位置まで
カラーを回して撮ります。

◆ 胸部を撮影してみよう ◆

VDとラテラルが基本セット。 ← でも呼吸悪かったらDVで撮ろうね。

〈VD〉

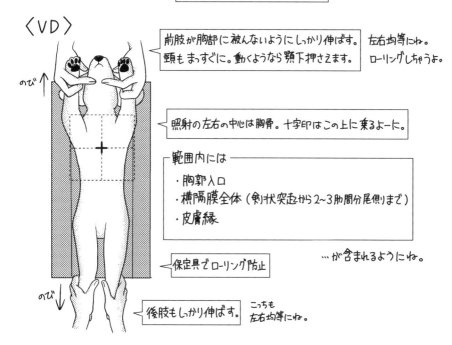

のび↑

← 前肢が胸部に被んないようにしっかり伸ばす。右右均等にね。
頸もまっすぐに。動くようなら顎下押さえます。ローリングしちゃうよ。

← 照射の左右の中心は胸骨。十字印はこの上に乗るよーに。

範囲内には
・胸郭入口
・横隔膜全体（剣状突起から2~3肋間分尾側りまで）
・皮膚縁

…が含まれるようにね。

← 保定具でローリング防止

のび↓

← 後肢もしっかり伸ばす。 こっちも
左右均等にね。

〈DV〉

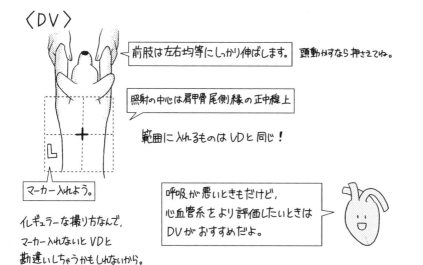

前肢は左右均等にしっかり伸ばします。 頭動かすなら押さえてね。

照射の中心は肩甲骨尾側縁の正中線上

範囲に入れるものは VDと同じ！

マーカー入れよう。

呼吸が悪いときもだけど、
心血管系をより評価したいときは
DVがおすすめだよ。

イレギュラーな撮り方なんで、
マーカー入れないと VDと
勘違いしちゃうかもしれないから。

〈ラテラル〉 肺などの病変部はわかってるなら上にして撮ろう。 下にすると含気量低下して
コントラスト下がって見にくいから。

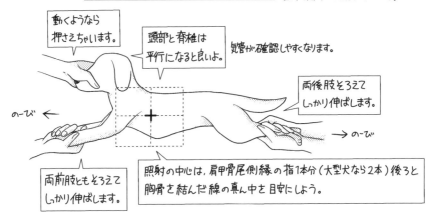

動くようなら
押さえちゃいます。

頭部と脊椎は
平行になると良いよ。 気管が確認しやすくなります。

両後肢そろえて
しっかり伸ばします。

のーび ←

→ のーび

両前肢ともそろえて
しっかり伸ばします。

照射の中心は、肩甲骨尾側縁の指1本分（大型犬なら2本）後ろと
胸骨を結んだ線の真ん中を目安にしよう。

┌ 範囲内に欲しいもの ────────────────
│
│ ・胸郭入口
│ ・胸椎（棘突起と皮膚は全部入らなくてもOK）
│ ・横隔膜全体
│ ・胸骨

CRだと大型犬はカセッテが
2枚必要なこともあります。

2回にわけて
撮影してね。

◆ 腹部を撮影してみよう ◆ これもVDとラテラルが基本セット

〈VD〉

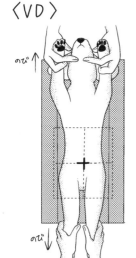

のび ↑

保定方法は胸部のときと同じ

照射の中心は臍部（おへそ）

┌ 範囲内には ────────────────
│
│ ・横隔膜（剣状突起から2〜3肋間分頭側まで）
│ ・左右の皮膚縁
│ ・大腿骨の大転子

のび ↓

〈 ラテラル 〉

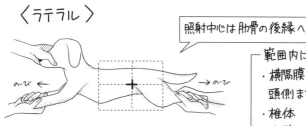

照射中心は肋骨の後縁へ

─ 範囲内には ─
・横隔膜 (剣状突起から2~3肋間分 頭側まで)
・椎体
・腹壁
・大腿骨の大転子

◆ ちょっと特殊な立位の撮影 ◆

捕まった宇宙人ポーズ

カセッテ

カセッテ固定台
(自作)

少し無理のある撮り方なんだけど…

動物を後肢のみで壁際とかに立たせて腹部を撮ります。
管球動かさなきゃいけなかったりするので、機材によっては撮れません。

こんなことして何をみたいのかとゆーと、腸管穿孔のときに
発生する腹腔内の free air (遊離ガス)をみます。

─ 横隔膜と肝の境目にできるのが典型的
穿孔疑うなら立位みといても良いかもよ。

◆ 造影剤を使ってみよう ◆

投与はPOかIV。穿孔疑いならPOは禁忌です。

	硫酸バリウム	ヨード系
陽性造影剤 X線で白く写る。	・消化管造影で使用 ・非水溶性で付着性高い 　→検査後の内視鏡は不向き ・禁忌：穿孔疑い、気管-食道瘻疑い 　腸閉塞疑い、誤嚥しそう	〈イオン性〉 ・粘稠度高い ・利尿効果あり ・ヒスタミン遊離しやすい ・浸透圧高い 　→脳室や脊髄造影は禁忌 〈非イオン性〉 ・CT,尿路造影,血管造影で使用
陰性造影剤 X線で黒く写る。	空気とかCO$_2$とか。二重造影で使用。	

〈消化管造影〉 → バリウム使うと後で内視鏡できないので注意　ガストログラフィンを使おう。

1.

経口造影剤と
やわらかい食事を用意。

→ バリウム粉と缶フード混ぜる方法で描いてます。
バリウムを懸濁液にしたり, ガストログラフィンとかの
液体で与えてもOKです。

2.

バリウム粉 小さじ1杯を
1口分の食事に混ぜます。

→ これは動物のいないとこでやろうね。
バリウム粉 吸い込んじゃうと
肺野が造影されちゃうよ。

3. 食べさせる前に…

プレーンでVDとラテラルを撮影

4. バリウム飯を与えたら, 時間ごとに撮影

施設によって様々かもだけど,
・直後　　　・30分後
・5分後　　・60分後
・15分後

バリウム飯は撮影台にこぼさないようにね。
最悪, 読影に影響でます…。

しかも
やり直せない…　ガビーン

正常なら,

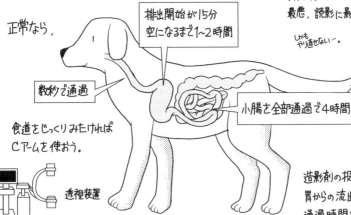

排出開始が15分
空になるまで1〜2時間

数秒で通過

小腸を全部通過で4時間

食道をじっくりみたければ
Cアームを使おう。

透視装置

造影剤の投与量が少ないと
胃からの流出遅延が起きて
通過時間評価ができなくなるよ。
適量を投与してね。

〈排泄性尿路造影〉

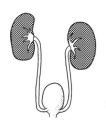

腎臓の構造や尿管の評価ができます。

> よくみるのは、腎の大きさの左右差や腎盂の構造、
> 尿管の太さや膀胱開口部の状態。

排泄性なので、無尿や脱水状態には 禁忌 ですよ。

1.

検査の24時間前は絶食です。
あと、2時間前に浣腸しとくとベター。

> 結腸を空にしとく方がみやすいから。
> ただ、緊急のときもあるので、必須ではないよ。

2. 動物に留置を入れたら、
   プレーンを撮影して、

ヨード系造影剤をボーラスでIV

> ヨウ素量 850 mg/kg で投与。
> 総量は 35 g を超えないようにね。

稀だけどアレルギー様反応でます。ちょっと注意。
(ex. 顔面や四肢の浮腫、発赤、肺水腫 etc)

3. 経時的にどんどん撮影します。

〈VD〉		〈ラテラル〉
・直後	・15分後	・5分後
・5分後	・30分後	
・10分後		

> 時間経過とともに
> 動脈相 → 腎実質相 → 腎盂相 → 膀胱相

〈逆行性尿路造影〉 — 膀胱の評価がメイン 結石とか腫瘍とか

- ・陽性造影 … ヨード系造影剤を使用
- ・陰性造影 … 空気、炭酸ガス、笑気などを使用
- ・二重造影 … 陽性と陰性の合わせ技

> 空気(ルームエアー)使うことがほとんど。
> ただ、空気中の N_2 の体液への低い溶解性の
> せいで空気塞栓作る可能性もあります。

下準備として、

造影剤逆流防止のため
バルーンタイプがベター

無菌的に尿カテを入れて、

血餅あったら滅菌生食で
洗浄とフラッシングも。
ただし抜いた量以上は入れないこと！

ヘタすると
膀胱破裂するよ…。

尿を全部抜きます。

何mL抜いたか覚えとこう。造影剤の
最低量の目安になるよ。

(陽性造影)

1. 造影剤はヨウ素濃度10〜25%に滅菌生食で希釈するので必要量を計算するよ。

ex) ウログラフィン®60%を使って20%希釈、15mL欲しい場合。← 5〜10mL/kgが目安

15×0.2 = 3mL ヨウ素が必要。ウログラフィンが60%希釈なので 3÷0.6 = 5mL 吸えばOK！

なので、

造影剤を
5mL吸って、

15−5 = 10mL

別のシリンジに
滅菌生食を
10mL吸って

ちゅー

生食を入れたシリンジ内で
両者を混ぜます。

余裕あるサイズを選ぼう。

2.

造影剤をゆっくり入れていきます。

急速投与すると破裂の危険性！

もうちょい…

上記の全量を入れる必要は
ありません。

膀胱の拡張度合いを触診して
入れましょう。確実です。

シリンジに抵抗あったら注入おわり

教科書的には5〜10mL/kg注入って書いてある
こともあるんだけど、こういう検査する動物って大抵は
膀胱の拡張性が下がってるんで、無理に入れると破れます…。

パーン

3. 撮影します。拡張が適度だとこんなかんじ。

拡張不十分だと形が不整にみえちゃう。
適量って難しーね…

みどころは、

白く
写ります。

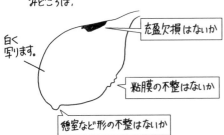

充盈欠損はないか

粘膜の不整はないか

憩室など形の不整はないか

おわったら念入りに
膀胱洗浄してあげてね♥

（陰性造影） これ単独で撮ることはほぼ無いけど　この後の二重造影の
準備みたいなモンです。

塾などのガスを注入，
撮影します。

これも教科書的には 5〜10 mL/kg だけど
触診しながらムリのない量で。

（二重造影） 2パターン紹介するよ。

▶ パターン 1

陰性造影剤注入後，
膀胱の拡張を確認しながら
陽性造影剤を入れていきます。

膀胱壁全体に造影剤が
カバーされるように，

動物をローリング
↓
撮影します。

目安は

15kg↓の犬	1〜3 mL
15kg↑の犬	3〜6 mL
猫	0.5〜1mL

▶ パターン 2

膀胱の拡張を確認しながら
陽性造影剤を入れます。

必要なら
陽性撮影も
しとこう。

陽性造影剤を抜いて，
同量の陰性造影剤を
ゆっくり入れます。

↓
撮影します。

陽性を数mL入れると
キレイに描出できます。

みどころは，

縁と中心が
白く写ります。

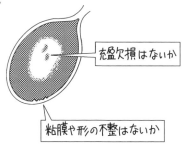

充盈欠損はないか

粘膜や形の不整はないか

二重造影は陽性造影単体よりも
小さい病変を描出できるんだけど，
陽性造影剤の量が多いと，逆に
みえづらくなります … 難しいねー。

〈脊髄造影〉

CTやMRIの全国的な普及によって, 全身麻酔が必要なこの手法は, あまり見かけなく
なったかもしれませんね…。 でも安価だし, CSFも一緒に採取できるよ。

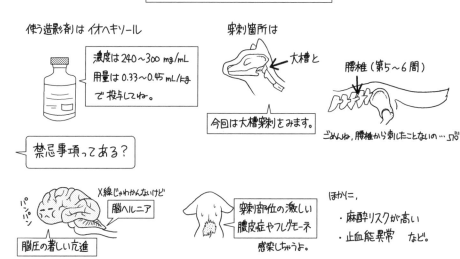

使う造影剤は イオヘキソール

濃度は 240～300 mg/mL
用量は 0.33～0.45 mL/kg
で 投与してね。

穿刺箇所は

大槽と

今回は 大槽穿刺をみます。

腰椎 (第5～6間)

ごめんね, 腰椎から刺したことないの …⊿

禁忌事項ってある?

パンパン

X線じゃわかんないけど
脳ヘルニア

脳圧の著しい亢進

穿刺部位の激しい
膿皮症やフレグモーネ

感染しちゃうよ。

ほかに,
・麻酔リスクが高い
・止血能異常 など。

あと, 合併症として 神経疾患が余計に悪化したり, けいれん起こすこともあるよ。

(大槽穿刺) 左利きなら反対

1. 動物に麻酔をしたら, 右側臥位にして,

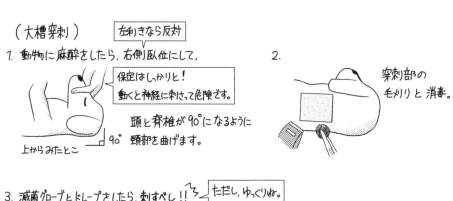

保定はしっかりと!
動くと神経に刺さって危険です。

頭と脊椎が90°になるように
頚部を曲げます。

上からみたとこ 90°

2.

穿刺部の
毛刈りと 消毒。

3. 滅菌グローブとドレープをしたら, 刺すべし!! ただし, ゆっくりね。

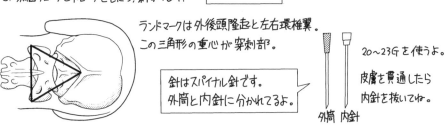

ランドマークは 外後頭隆起と左右環椎翼。
この三角形の重心が穿刺部。

針はスパイナル針です。
外筒と内針に分かれてるよ。

20～23G を使うよ。

皮膚を貫通したら
内針を抜いてね。

外筒 内針

4. 針の進行方向は,

・左右側：鼻方向

・上下側：下顎骨腹側縁に平行

これを心がけましょう。

後頭骨に
当たったら,

5mmくらい引いて,角度を
少し寝かせて進めます。

5. 硬膜を貫通すると

プツ という感覚があります。

→硬膜

→脊髄

脊髄がすぐ近くにあります。
針はゆっくり,慎重にね。

滅菌チューブに回収。
鏡検は30分以内にね。

うまく貫通してればCSFが
自然に落下してくるはず。
検査するなら回収しとこう。

Max 2mL/kg まで!!
あと吸引して回収すると血がコンタミ
したり,下手すると脳ヘルニア起こすよ。

このとき, CSFが

勢いよく抜けるなぁ…

→ 危険です!!

すぐに中止!

吸引してないけど
血が混じる…

→ 1回針を抜いて
5分後に再穿刺

途中で出が悪くなった…

→ 針を少し引いたり
回転させてみる。

採血と同じ!

6. 造影剤をゆっくり入れたら…

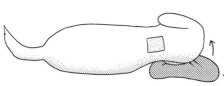

針を抜いて,頭部を数分間上げておきます。

造影剤が尾側にいきやすくするため。
正常なら最大10分で腰仙椎までいきます。

処置台が傾くなら,それでもOK。

椎ヘル

あとは撮影してくださーい。

こっから先はちょっとオマケ扱いです。
胸・腹部に比べて撮影頻度は低いけど覚えとくと良いよ。

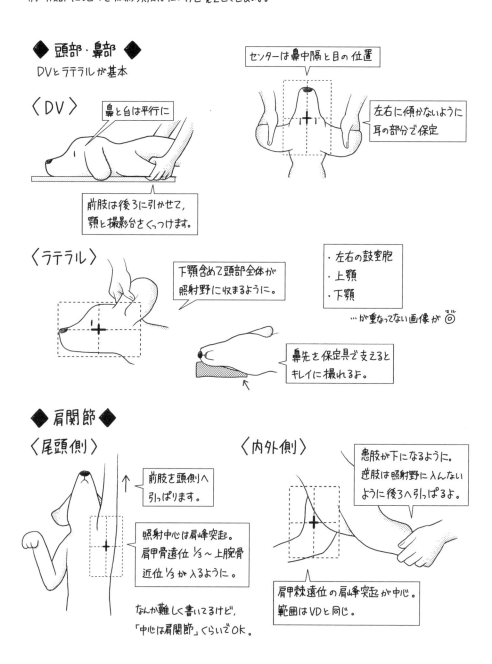

◆ 頭部・鼻部 ◆
DVとラテラルが基本

〈 DV 〉

鼻と台は平行に

前肢は後ろに引かせて、
顎と撮影台をくっつけます。

センターは鼻中隔と目の位置

左右に傾かないように
耳の部分で保定

〈 ラテラル 〉

下顎含めて頭部全体が
照射野に収まるように。

・左右の鼓室胞
・上顎
・下顎

…が重なってない画像が ◎

鼻先を保定具で支えると
キレイに撮れるよ。

◆ 肩関節 ◆

〈 尾頭側 〉

前肢を頭側へ
引っぱります。

照射中心は肩峰突起。
肩甲骨遠位 1/3 〜 上腕骨
近位 1/3 が入るように。

なんか難しく書いてるけど、
「中心は肩関節」くらいでOK。

〈 内外側 〉

患肢が下になるように。
逆肢は照射野に入んない
ように後ろへ引っぱるよ。

肩甲棘遠位の肩峰突起が中心。
範囲はVDと同じ。

28

◆肘関節◆

〈頭尾側〉

肘関節を中心に。関節の近・遠位⅓を入れる。

前肢は前へ引っぱる。

照射野に入んないように頭部を少しズラします。

上を向いての保定もOK。

〈内外側〉

患肢を下にして逆肢は後ろへ引っぱる。

肘は90°に

最大屈曲で撮ることもあるよ。

◆手根骨・指端◆

〈背掌側〉

中心は手根骨。指骨と前腕遠位⅓を範囲内に入れてね。

肘関節ロック

〈内外側〉

患肢を下にして逆肢は後ろへ引っぱる。

肘関節ロック

X線透過性のヒモを軽く結んで補助的に引っぱって撮ることもあるよ。後肢も同様。

◆骨盤・股関節◆

〈VD〉

この方法でキレイに撮れると、ノーバーグ角測定で股関節形成不全の診断ができます。

OFAに画像送ってもOK。

中心は骨盤腔に。腸骨稜と膝蓋骨、左右の皮膚縁まで入れよう。

後肢は左右平行に伸ばす。膝蓋骨が上になるように軽く内施

くるっとね。

大腿骨頭中心と寛骨臼外側縁を結んだ角度がノーバーグ角。105°で正常。

犬種にもよるけどね。

ほかにも股関節の異常をみるために屈曲位やフロッグレッグで撮ることもあるよ。

カエルさん

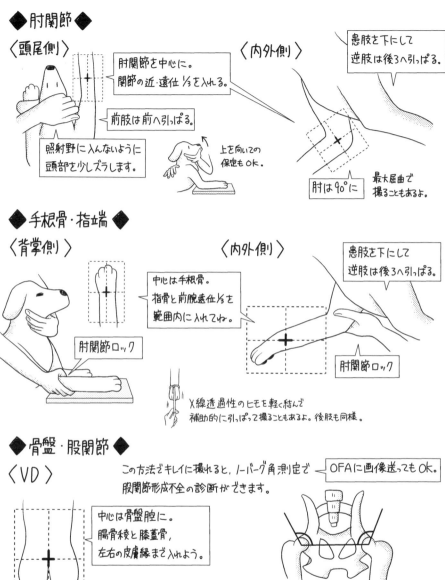

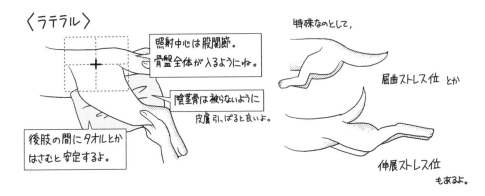

〈ラテラル〉

照射中心は股関節。
骨盤全体が入るようにね。

陰茎骨は被らないように
皮膚引っぱると良いよ。

後肢の間にタオルとか
はさむと安定するよ。

特殊なのとして、

屈曲ストレス位 とか

伸展ストレス位
もあるよ。

◆ 膝関節 ◆

〈頭尾側〉

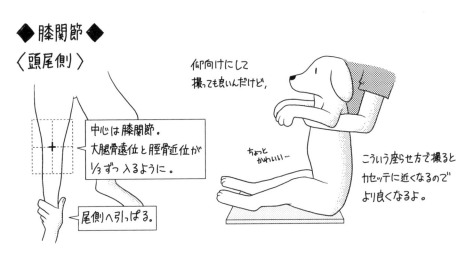

仰向けにして
撮っても良いんだけど、

中心は膝関節。
大腿骨遠位と脛骨近位が
1/3ずつ入るように。

尾側へ引っぱる。

ちょっと
かわいい…

こういう座らせ方で撮ると
カセッテに近くなるので
より良くなるよ。

〈内外側〉

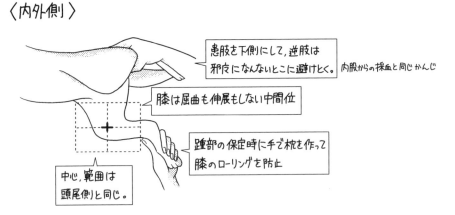

患肢を下側にして、逆肢は
邪魔になんないとこに避けとく。　内股からの採血と同じかんじ

膝は屈曲も伸展もしない中間位

踵部の保定時に手で枕を作って
膝のローリングを防止

中心、範囲は
頭尾側と同じ。

◆ 足根骨・趾端 ◆

〈背足底側〉

小型犬なら体を支える
抱っこ保定でも良いし,

中心は足根骨。
脛骨遠位 1/3 と趾骨を入れよう。

大型犬なら うっ伏せにして
患肢を斜めに伸ばす。

〈内外側〉 膝関節のときと大体同じ

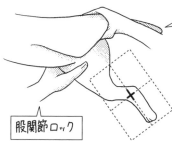

患肢を下側にして,逆肢は
邪魔になんないとこに避けとく。

股関節ロック

中心,範囲は背足底側と同じ

31

個人的な 1年目 七つ道具

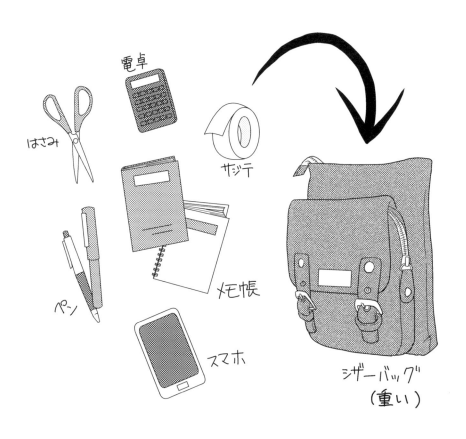

はさみ

電卓

ペン

セジテ

メモ帳

スマホ

ジザーバッグ
（重い）

3.
超音波検査

◆ エコーしちゃうぞ ◆

前章のX線検査同様, 最小限の侵襲でスクリーニング可能な検査です。

まずは基本を押さえてね。

なお, 本書では最低限のスクリーニングのためのアプローチ法を
メインに描いてます。
もっと細かい描出法や画像の読み方は成書を参考にしてね。

◆ 基本的なことをちょこっと… ◆ ← 操作方法は各機材のマニュアル読んどいてー。

〈プローブの選び方〉

性能によって三つに分けられてるよ。

リニア型　　　コンベックス型　　　セクタ型

ものすごく大雑把に分けると,

・リニア … 腹部の浅いところ
・コンベックス … 腹部全般
・セクタ … 心臓, 肋間

…で使います。

〈リファレンスマーク〉

プローブには持ち手に「リファレンスマーク」という突起があります。
何のためにあるのかとゆーと, 画面の左右方向を間違わないため。

↓　標準なら画面右側にプローブマーカーがあるよ。

マーカーの位置は左右の変更ができるけど,
どっちかに固定するようにしとこう。右にする人が多いかな。

右にマーカーを表示する場合,

マークは
矢状断：動物の尾側
横断： 〃 左側

…になるようにプローブを持とうね。

34

〈画像の調節〉

機材導入時に良い感じにプリセットされてるんだけど,
個々に調節が必要なものもあるので, 以下よく使うもの。

（ゲインとSTC） STC : sensitivity time control

どっちも画面の明るさを変更できます。← 輝度の調節と言います。

 まずはゲインのつまみを
動かして,

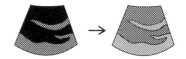

全体の明るさを調節します。

暗 ←——→ 明

 STCのつまみを
動かすと,

 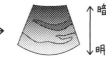

↑ 暗

↓ 明

体の深度（画面の上下方向）で明るさを調節できます。

（深度）

画像を拡大できます。← 深度を浅くしています。

 つまみを
動かして,

ただし拡大すると
画像は粗くなるよ。

表示が拡大されます。

〈画像の表示〉

（Bモード）

いわゆる「超音波画像」ってのはコレのこと。

組織の断面の静止画像をリアルタイムに
更新し続けて表示しているもの。

（Mモード）

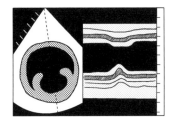

motion モードのこと。
動いてるものの継時的変化を表していて,
心臓の弁や壁の動きをみるときに使うよ。

（カラードプラ）ごめん, 白黒じゃわかりにくいね…。

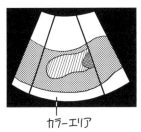

カラーエリア

主に血流を可視化します。（カラーエリア内）
プローブに向かってくるのが赤, 遠ざかると青になります。
カラーエリアは広くすることもできるけど, 広すぎると
リアルタイム性が落ちてカクカクするよ。

〈基本的には毛刈りをするんだけど…〉

わかんせー

フサフサ

わさ わさ わさ 毛
皮膚

毛があるとプローブと皮膚の間に隙間ができて,
キレイにみえません。

というわけで毛刈りをしたいんだけど,
留置を入れるための小さい範囲ならまだしも,

> え？お腹の毛, 全部刈るんですか？
> それはちょっと…何とかなりませんか？

サッ

飼い主

…という感じで, 抵抗のある飼い主は必ずいます。

デスヨネー

うーん

ってわけで, 毛刈りできない場合の対処法です。

> 前巻でも描いたけど無許可の毛刈りはやめようね。トラブるよ…。

36

（対処法）

まずはアルコールスプレーで
皮膚をよく濡らして，

> アルコールで濡らすことで
> 皮膚の凹凸にゼリーが
> 染みやすくなります。

エコーゼリーを
たっぷり塗ります。

下準備はこれでOK。あとは，プローブの動かし方に工夫をしてみよう。

プローブには

> スウィープは体表面でプローブを
> 移動させる動かし方，
> ファンは接置面を軸にして
> プローブ尾側を前後に振る動かし方。

スウィープ という動きと，　ファン という動きがあります。

> プローブと体毛の間に空気が入りにくいのはファン。この動きを活用しましょー。

> うーん，
> それでもやっぱり，みえづらいなぁ…。

柴犬とかの和犬は
毛質硬いから
みづらいよね。

濡らしましょう‼

これが1番だと
思うよ…。

> ただし，
> 幼若動物や状態の悪い動物に対しては
> やりすぎ注意です。
> 気化で熱を奪っちゃうからね…。

> 一応，上記みたいな対処法はあるんだけど，
> 「視野確保が最優先」ってことは
> 忘れないでね。緊急時は特にね。

いざってときは
毛刈りも
辞さない！

あと，検査終了後はプローブはよく拭いてね。
アルコールやエコーゼリーで傷んじゃうので。

〈動物の保定〉 ← パンティングしちゃうときは鼻を押さえて少し息止めしてもらおう。

基本的には

呼吸が悪い場合は
立位で行うこともあるよ。
臨機応変にね。

右横臥位　とか　仰臥位　で行います。

心臓検査時の保定はちょっと特殊で、

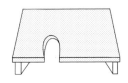

こういう切れ込みのある
専用の保定台を使って、

なくてもできるけど、
あると検査がラク。

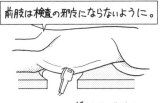

前肢は検査の邪魔にならないように。

横臥位で検査します。

〈検査前の食事〉

特に腹部検査の場合、半日くらい絶食してもらうのがベターです。

なんでかってゆーと、胃腸の内容物やガスの有無で、みえかたに影響するから。

たとえば、

本来の空の胃は こんな感じだけど、

胃壁のシワが
しっかりみえます。

食事をしてしまうと、

ガスや内容物が貯留して…

多重反射や音響陰影が出てしまって
全体像がみえづらくなります。

消化器の経過観察中は
絶食で来院してもらうよう
伝えておきましょう。

◆ 心臓超音波検査 ◆

Mモードやドプラ法を使った計測方法がたくさんあるけど,
ここじゃ書ききれないので, ちゃんとした専門書を読んでね。

日本語でも良い本
いっぱいあるよ。

というわけで, まずは以下の断面を出せるようになりましょー。

あと, 可能なら心電図と同期しながら検査すると良いよ。
病態把握に
必要なこともあるので。

〈長軸四腔像〉 まず最初に出す断面です!

動物は右横臥位で。
プローブを当てるのは
心臓の拍動最強点。

手を当てて確認しよう。 第4~6肋間
くらい。

プローブは

人差し指にリファレンスマークが
触れるくらいの位置で持つと
良いと思うよ。

リファレンスマークは
頸部~肩甲骨後縁へ

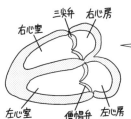

7時方向くらい。

三尖弁　右心房
右心室
左心室　僧帽弁　左心房

・各部屋の形態
・壁の厚さ
・弁の形状, 逆流の有無
・中隔欠損の有無
　　　　をチェック!

〈長軸五腔像〉 四腔に大動脈が加わって五腔

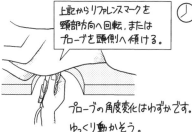

上記からリファレンスマークを
頸部方向へ回転, または
プローブを頭側へ傾ける。

プローブの角度変化はわずかです。
ゆっくり動かそう。

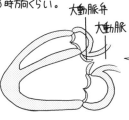

8時方向くらい。

大動脈弁
大動脈

大動脈弁の形状や
逆流の有無をチェック!

〈短軸像〉

プローブの傾け方で, 乳頭筋レベル→腱索レベル→僧帽弁レベル→大動脈弁レベル→肺動脈弁レベル, と変化していきます。

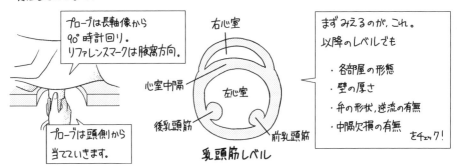

プローブは長軸像から90°時計回り。
リファレンスマークは腋窩方向。

プローブは頭側から当てていきます。

右心室

心室中隔

右心室

後乳頭筋

前乳頭筋

乳頭筋レベル

まずみえるのが, これ。
以降のレベルでも

・各部屋の形態
・壁の厚さ
・弁の形状, 逆流の有無
・中隔欠損の有無

をチェック!

この状態から, プローブを背側へ傾けていくと, レベルが変化します。

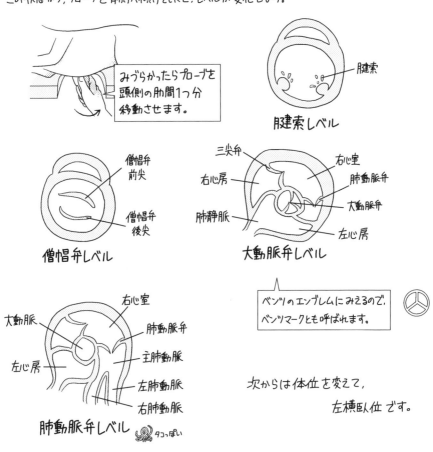

みづらかったらプローブを頭側の肋間1つ分移動させます。

腱索

腱索レベル

僧帽弁前尖

僧帽弁後尖

僧帽弁レベル

三尖弁

右心房

肺静脈

右心室

肺動脈弁

大動脈弁

左心房

大動脈弁レベル

大動脈

左心房

右心室

肺動脈弁

主肺動脈

左肺動脈

右肺動脈

肺動脈弁レベル　タコっぽい

ベンツのエンブレムにみえるので, ベンツマークとも呼ばれます。

次からは体位を変えて,

左横臥位 です。

40

〈心尖四腔像〉 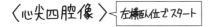 ←左横臥人位でスタート

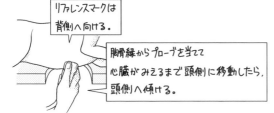

リファレンスマークは
背側へ向ける。

胸骨縁からプローブを当てて
心臓がみえるまで頭側に移動したら,
頭側へ傾ける。

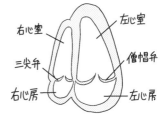

右心室　　　　左心室

三尖弁　　　　　僧帽弁

右心房　　　　　左心房

3
超音波検査

〈心尖五腔像〉

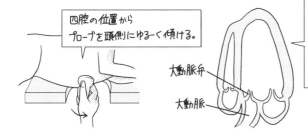

四腔の位置から
プローブを頭側にゆるく傾ける。

大動脈弁

大動脈

・各部屋の形態
・壁の厚さ
・弁の形状, 逆流の有無
・中隔欠損の有無
　　　　　などをチェック!

ふえぇ…

以上が心臓の基本断面になります。
心臓は計測値も診断における, すごく重要な情報で,
断面ごとに, できる計測も異なってきます。
このあたりは次のステップとして成書などで勉強してね。マジで。

私は心エコーすごい苦手…。みんなは頑張ってー!!

◆ 腹部超音波検査 ◆

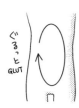

ぐるっと
GUT

腹部はみるべき臓器が複数あるけど, 見落としを防ぐには
「肝臓から始めて時計回りに進める」など 順番を決めること。

本書では, 肝臓・胆嚢 → 胃・十二指腸 → 膵臓 → 脾臓
→ 左腎 → 左副腎 → 膀胱 → 右腎 → 右副腎 → 腸管, の順でみていきます。

41

〈肝臓・胆嚢〉

┌─ チェックポイント ─────────────┐
・肝実質のエコー源性の均一性
・腫瘍の有無
・肝辺縁の形態 (鈍すぎず, 鋭すぎず)
・血管や胆管管の太さ
・胆泥の有無と流動性
・胆嚢の形態, 壁の不整の有無 etc
└────────────────────────┘

┌────────────────────────┐
肝実質のエコー源性 (明るさ) は脾臓実質や
腎皮質のエコー源性比較の指標になるよ。
暗い順に 腎皮質 ≦ 肝実質 < 脾実質
覚え方は アルファベット順 (Kidney, Liver, Spleen)
└────────────────────────┘

┌────────────────────────┐
体位変換で胆泥が可動するなら
粘稠性は低いと判断できます。
└────────────────────────┘

GBM

アプローチ法は「正面から」と「右肋間から」の 2通り。

正面からは,

剣状突起下 (鳩尾 みぞおち) にプローブを横断面で当てて,
最後肋骨弓に沿って左右に動かします。

┌────────────────────────┐
体格が小さければ
これだけで肝臓系
全部みえちゃう。
└────────────────────────┘

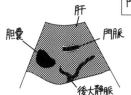

肝
門脈
胆嚢
後大静脈

┌────────────────────────┐
門脈壁がみえにくいときは肝実質は高エコー性, 逆もしかり。
└────────────────────────┘

肝臓のほか, 胆嚢, 門脈, 後大静脈, 肝静脈もみえます。
(左辺縁は後述の「胃・十二指腸」を参照してね。)

体格が大きいとこれだけで全容がわからないので, 右肋間アプローチ!

右肋間からは,

最後肋間にプローブを矢状断 or 横断で当てます。
コンベックスが使いにくければセクタ使ってもOK。

┌────────────────────────┐
肋間にプローブ当たってゴリゴリされると痛いしね…。
└────────────────────────┘

横断だと

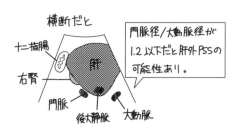

十二指腸
右腎
門脈
後大静脈
大動脈
肝

┌────────────────────────┐
門脈径/大動脈径が
1.2以下だと肝外PSSの
可能性あり。
└────────────────────────┘

矢状断だと

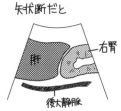

肝
右腎
後大静脈

┌────────────────────────┐
肝の右辺縁が
みえます。
└────────────────────────┘

〈胃・十二指腸〉

― チェックポイント ―
・五層構造と厚さ, 形の不整の有無
・内容物の有無
・運動性(蠕動運動)

胃:4~5回/分
腸:1~3回/分 で正常

五層構造は, 消化管特有の構造

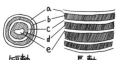

a. 漿膜　　b. 筋層
c. 粘膜下層　d. 粘膜層
e. 粘膜

胃だったら, a~eの厚さは
犬で6mm↓, 猫で4mm以下。
腸は後述します。

まずは胃から

左肋骨弓下に矢状断で
プローブを当てると,

胃体部がみえます。

肝の左辺縁も

横断だとこんな感じ

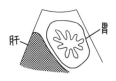

以下, 胃の連続性を意識しつつ
肋骨弓下に沿って
プローブを移動させてくよ。

今みたのは
このあたり

胃角部

矢状断

横断

幽門はプローブを頭側に
押しこむとみえます。

幽門洞

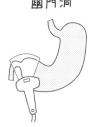

矢状断

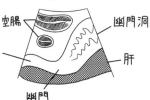

横断

43

続きまして，十二指腸

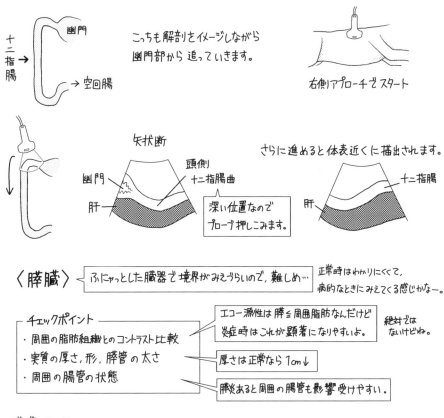

十二指腸 → こっちも解剖をイメージしながら
幽門部から 追っていきます。

幽門

→ 空回腸

右側アプローチで スタート

矢状断

さらに進めると体表近くに描出されます。

幽門　頭側
十二指腸曲

肝

十二指腸

肝

深い位置なので
プローブ押しこみます。

〈膵臓〉 ← ふにゃっとした臓器で境界がみえづらいので，難しめ…

正常時はわかりにくくて，
病的なときにみえてくる感じかなー。

ー チェックポイント ー

・周囲の脂肪組織とのコントラスト比較
・実質の厚さ，形，膵管の太さ
・周囲の腸管の状態

エコー源性は 膵≦周囲脂肪なんだけど
炎症時はこれが顕著になりやすいよ。

絶対では
ないけどね。

厚さは正常なら 1cm↓

膵炎あると周囲の腸管も影響受けやすい。

膵臓ってのは，

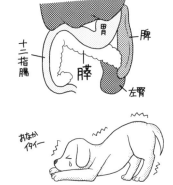

肝

胃

脾

十二指腸

膵

左腎

おなか
イターイ

こんな 位置関係でもにゃもにゃしてるので，

右葉と体部(一部)：右側アプローチ
左葉　：左側アプローチ　　　 …で出します。

ただし，左側は深い位置にあるので，
プローブを押しこむ必要があります。
膵炎でお腹痛い犬にこれやると苦痛でしかないんで，
無理に攻めるのはNG。もしくは事前に鎮痛薬使っとこう。

右側アプローチは，

まず十二指腸(尾側)を矢状断で出して，

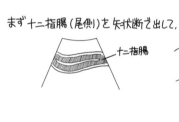

プローブを回して
横断にすると

隣に三角形にみえます。

膵十二指腸動静脈は描出のランドマーク。
カラードプラで確認してね。

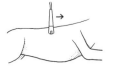

プローブを頭側に動かして，

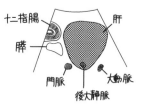

肋間から体部の一部を描出できます。

左側アプローチは

矢状断で膵臓と左腎を出して，← 後述します。
プローブを押しこむと描出できます。

ランドマークは挟んでる脾静脈。
カラードプラで確認してね。

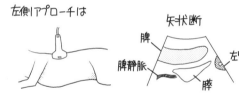

〈脾臓〉

┌ チェックポイント ─────
・実質のエコー源性と均一性
・大きさ，形の不整
・腫瘍の有無

明らかな場合を除いて，脾腫かどうかの
判断は主観的なこともあります…。

はっきりした基準がないんだよねー。

左側からのアプローチ

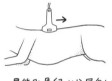

最後肋骨縁から尾側へ
プローブを動かすと，

通常なら，これで
脾臓全体を観察できます。

45

〈左腎〉

先天的に腎臓が片方しかないのもいるよ。

チェックポイント
・大きさ, 形
・腎盂や尿管の拡張の有無
・エコー源性 (髄質 < 皮質 < 腎盂 < 被膜)
・エコー源性異常の有無, 音響陰影

腎盂は >5mm で拡張。
尿管は閉塞とかで拡張するとみえてくるよ。

腫瘍, 嚢胞, 結石, 梗塞 etc で
エコー源性が変化してくるよ。

 腎梗塞

描出法は「背側断」「横断」「矢状断」の3つ。

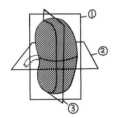

① 背側断
② 横断
③ 矢状断

切り口は
こんな感じ

右横臥位で脾臓よりも
尾側にプローブを当てて,

背側断を描出

プローブを立てつつ
正中側へ動かすと

矢状断

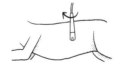

プローブを
回転させて

横断

〈左副腎〉

─ チェックポイント ─
・長軸像における短径の厚さ
・形の不整の有無
・エコー源性の均一性

猫や小型犬：3〜5mm
中型犬〜　：5〜8mm

正常ならピーナッツ型 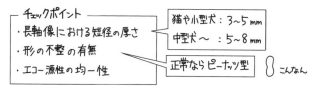 こんなん

左腎の頭側にあるので，左腎を背側断で出したら，

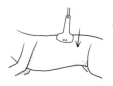 プローブをゆっくり立てながら腹側に押しこみます。

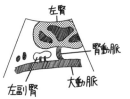
左腎
腎動脈
大動脈
左副腎

大動脈につながる腎動脈の頭側に描出できます。

カラードプラを使ってランドマークにしよう。

 ← 横隔腹動静脈もランドマークになります。

〈膀胱〉← 腰窩リンパ節もついでに確認　腫大してると膀胱の奥にみえます。

このへん
頭 ← 〔膀胱〕 → 尾

─ チェックポイント ─
・膀胱粘膜の不整の有無，厚さ
・結石や腫瘤の有無
・膀胱内の貯留物のエコー源性

健康な尿なら黒くみえるんだけど，結晶や血球があると白い点にみえます。　キラキラしててちょっときれい。

描出はとっても簡単♪

 恥骨頭側縁にプローブを当てると

矢状断 ← プローブ回して横断もみます。
膀胱
腰窩リンパ節（腫大してたら）

描出できます。かんたん！

尿が溜まってる方がみやすいです。（骨盤膀胱の場合は特に）なので採尿はエコー後にしましょー。

〈右腎〉← チェックポイントは左側と同じ

 最後肋骨弓から頭側へプローブを押しこみます。

背側断
肝

あとの矢状断，横断の描出は左側を参考にしてね。

肝臓に接しているので，見つからなければ肝臓からたどってみると良いよ。

3 超音波検査

47

〈右副腎〉 — チェックポイントは左側と同じ　右側は ⟨ コンマ型です。

右側肋間アプローチで描出

最後肋間に
プローブを当てて

右腎

右腎の横断を
出したら、

プローブをゆっくり
頭側へ動かして

右腎　肝

後大静脈　右副腎　大動脈

肝の腎圧痕付近で
後大静脈と大動脈の間に
描出できます。

カラードプラで

副腎中央付近に横隔腹動静脈が
あるので、確認できると確実です。
ランドマークになるよ。

なお、長軸だとこんな感じ

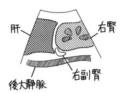
肝　右腎
後大静脈　右副腎

〈腸管〉 — チェックポイントは胃・十二指腸と同じ

小腸は万遍なく

大腸は直腸から近位へ

プローブを回転させて、
矢状断、横断ともに
描出します。

腸管はリニア使うと
みやすいよ。

ここで大事なのは、小腸と大腸の区別！ 五層構造で見分けるよ。

厚さは粘膜の谷に
なってるとこで測ろう。

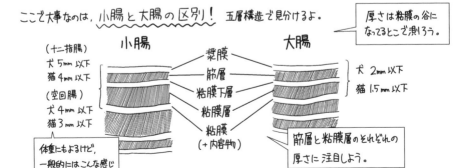

小腸　　　　　大腸

（十二指腸）
犬 5mm 以下
猫 4mm 以下

（空回腸）
犬 4mm 以下
猫 3mm 以下

漿膜
筋層
粘膜下層
粘膜層
粘膜
（＋内容物）

犬 2mm 以下
猫 1.5mm 以下

体重にもよるけど、
一般的にはこんな感じ

筋層と粘膜層のそれぞれの
厚さに注目しよう。

48

◆ FAST ◆ focused assessment with sonography for trauma

元々は救急で腹腔内出血がないか迅速確認する手段。

rupture
down

要は腹腔内で液体が溜まりやすい場所なので，
出血だけじゃなくて，X線じゃわかんないような微量腹水の有無もチェックできます。

チェックするのは4ヵ所

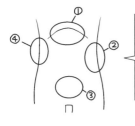

① 剣状突起尾側周辺
② 左腎周辺
③ 膀胱周辺
④ 右腎周辺

①だと
こんなかんじ

普段はみえないとこに低エコーが
あったら腹水や出血あり。

◆ ソナゾイド® 造影 ◆

主に肝臓の腫瘤の良悪性をみる造影超音波検査
脾臓や膵臓でも使えるよ。

第一三共（株）さんの ソナゾイド® という薬品を使います。

付属の注射用水で溶解

このソナゾイド®内で成分のペルフルブタンは
マイクロバブルに包まれているので高エコーにみえます。

肝臓のクッパー細胞が
これを食べると，

クッパー細胞

ペガー

クッパー細胞も一定時間
高エコーになるって仕組み。

マロオズスターを
取った状態です。

悪性腫瘍は正常組織と比べてクッパー細胞が少ないので，
造影欠損像がみられるってワケです。

ただし，高分化型腫瘍では造影されたという
ヒトでの報告もあるよ。

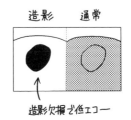

造影　　　通常

造影欠損で低エコー

手順としては…

造影対応のものを
使ってね。

動物に留置を入れて
プレーンのエコーで
造影したいとこを描出

検査終了まで
その位置をキープ！

keep!

プローブはリニアがおすすめ。
キレイにみえるよ。

助手にソナゾイド® (0.015mL/kg, IV) を投与してもらったら 観察開始。

時間経過での層変化は,

IV	1分			7分	
動脈層	門脈層	門脈層と 実質層の混合		実質層	

実際の動脈層は最初の数秒です。
後で焦らず見返せるように検査は動画で撮っておこう。

造影 プレーン

モニターには
両画面出します。

悪性腫瘍のほとんどは実質層で
造影欠損となります。
全部は当てはまらないけどね。

特異所見が報告されてるのもあるけど
あくまで「発生由来」を調べるツールなので
確定診断は病理で出そうね。

◆ ガイド下穿刺（FNA）◆

適用は,

出血や, 悪性腫瘍の場合は
腹腔内播種に注意！

▶ 実質臓器の腫瘤や腫脈の細胞診

▶ 尿, 腹水, 胸水, 心嚢水などの採取

抜くことで臨床症状が改善することもあるけど
大量に抜く場合, 再灌流障害に注意！

〈穿刺の前に…〉

止血能は必ず確認することッッ！！

血小板数とか 凝固系

前巻でも描いたけど, 腹腔内は圧迫止血ができないので,
止血能の有無は **生死にかかわる**よ。

血小板数 正常でも凝固因子おかしい病態もあるから
両方みてね。

5万以上は欲しい。

1, 2, 3…

血小板数の
カウント法は
前巻参照してね。

〈用意するもの〉

1. 消毒セット

2. バリカン

3. グローブ

4. 針
目的によって様々です。

注射針　翼状針　留置針

5. シリンジ、延長チューブ

必要に応じて

6. スライドグラス
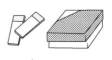

細胞診する場合

〈刺してみよう！〉

1.

ドプラ　→　あぶない…

穿刺部周辺の血流は カラードプラで **必ず** 確認！
大きい血管に間違って刺すと腹腔内出血起こすよ…。

2.

穿刺部の
毛刈り & 消毒

3. 刺す前に

穿刺部の皮膚を押してみて
凹んでみえるか確認

念のための場所確認

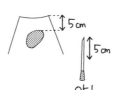

↕5cm
↕5cm
OK!

穿刺する場所の深さ、
使う針の長さが
適切か確認

4.

穿刺はプローブの
すぐ近くで。

グローブして刺してね。

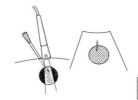
エコービームを意識して,
モニタで針がみえるのを
確認して刺します。

盲目的な穿刺はNG!!

針の種類の選択だけど, 例として

浅い穿刺で吸引するなら
翼状針使ったり

内針

腹水など大量に抜くために長時間刺すなら
留置針の外筒だけ残しておくとか。

固い針を長時間入れてると, 動いて
臓器を傷つけるかもしれないから。

うわっ?!

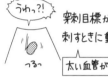
つるっ

穿刺目標が小さいと
刺すときに動きやすいので注意

太い血管が近いときは特に。

モーマンタイ

呼吸による体動でも動くけど,
ちゃんと刺さってれば大丈夫。

5. 状況に応じて塗抹標本を作成

「皮膚検査」の章を参照

ぐっ

針を抜いたら, 穿刺部を
しばらく押さえます。

肝臓などの血流豊富な臓器や
太い血管の近くを刺したら,
しばらく院内で様子を観察して

OK!

念のためエコーを当てて
出血してないか確認。

大きい血管さえ刺さなければ基本的には大丈夫だけど
刺してるときに針の横ズレとか起こしてると
出血する可能性あり。

なので, 止血能チェックしてても念のため
出血起こしてないか確かめてね。

〈刺してみよう！〜各論〜〉→注意しといてほしいところ

（腹腔内臓器）

肝,脾,腎は血流に気をつけて,
針が横ズししないように。
深さもしっかりみて針を選択。

3 超音波検査

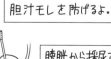

胆嚢は肝を経由して刺すと
胆汁モレを防げるよ。

膀胱から採尿する場合,深さに注意して
中〜大型犬：22〜23G,猫・小型犬：23〜25G
で刺します。

無菌的に採れるから
培養や沈渣をみるのに最適だよ。

ただし移行上皮癌 疑いでは禁忌！

（腹水）

大量に溜まってるなら,深さに注意して,
周囲の臓器を傷つけないように。

少なくなったときに最終的に溜まっている
ところを予側して穿刺しよう。

少量腹水なら
FASTしとこう。

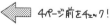

4ページ前をチェック！

（胸水）

肋骨縁は痛いのと出血もしやすいので
肋間の中間部を刺します。

 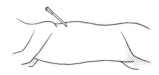

肺を傷つけないように,
胸壁から約30°で刺入

穿刺部は心臓付近の第6〜8肋間。水分が多くあるから尾側を刺したくなるけど,
肝臓が頭側に戻ってくるので,最後まで胸水が抜けにくくなります。

53

（心嚢水）

左側に多い

肺や主要な冠血管を傷つけないために，
左横臥位で，第4～6肋間を刺します。

心臓の尾側縁を刺しましょー。

使用する針は留置針一択です。特に水が抜けてくると
刺さりやすくなって危ないからね。内針を抜いて外筒を留置します。

NG　　　内針

体格にあわせて，　～大型犬：14～16G
　　　　　　　　　猫，小型犬：18G　くらい

エコー下FNA イメトレ。

ぷるぷる

フルーツゼリーを
買ってきます。

＼＼＼!!

スカッ

爪楊枝を刺して
中のフルーツを狙います。

ボロ…

今日の練習は明日の糧です。
終わったら美味しくいただきましょう。

4.
尿検査

◆ まずは尿の採取からね ◆

色んな方法があって、それぞれに特徴があります。
状況に応じて使いわけよう。

1. 膀胱圧迫 ← 古典的な方法だけど、お勧めはしない…。

お腹の上から膀胱を押して採尿するんだけど、強く押しすぎると
膀胱が損傷する可能性あるし、そこそこ溜まってないと
採取できないし、感染尿が腎に逆行しちゃうかも。

ぎゅう

2. 自然排尿 ← 無菌的には採れないけど手軽

犬なら採尿容器やシリンジを渡しておいて、散歩中とかに
採ってもらいます。
自宅で採って持ってきてもらう場合など、採尿から検査まで
時間かかるなら、ジップロック®とかに入れて冷蔵しといてもらおう。

猫の場合は、トイレに工夫が必要で、たとえば

① ペットシーツを裏返して
少量の砂とトイレに入れる。

裏は撥水性なので
吸収されないよ。

② 砂の量をあらかじめ
少なくしておく。

手芸用ペレットを使ってもOK

3. カテーテル採尿 ← 詳しくは前巻をみてね。

ほぼ無菌的に採取が可能。
動物によってはかなり嫌がるので、そこは注意。

4. 超音波ガイド下膀胱穿刺 ＜ 詳しくは第3章みてね。

無菌的に採取可能。超音波検査のついでにできるし、
危険事項がなければ1番お勧め。
　↳ 止血異常とかね。そうさなくても針を刺す以上侵襲は少なからずあるので
　　暴れる動物に対してや、自信ない人は避けるのが無難かもー…。

大型犬は立位で行うけど、膀胱をしっかり触診できれば超音波なしでもいけるっぽい…。

◆ 用意するもの ◆

1. 検査する尿

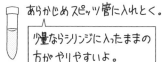

あらかじめスピッツ管に入れとく。

少量ならシリンジに入ったままの
方がやりやすいよ。

2. 屈折計

これは
アナログ式

デジタルのも
あるよ

3. 尿スティック

4. 遠心機

5. スポイト

6. 鏡検セット

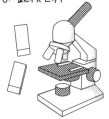

◆ 外観だって大事な情報よ ◆

〈 色, 透明度 〉 ＜ 正常なら薄黄色で透明

なんか無色に近くない？ → 尿の濃縮が起こってない証拠。
多飲多尿がないか確認しよう。

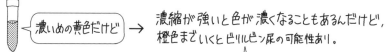

濃いめの黄色だけど → 濃縮が強いと色が濃くなることもあるんだけど、
橙色までいくとビリルビン尿の可能性あり。

IMHA, 胆管閉塞, 肝疾患なんかが起こってくるよ。

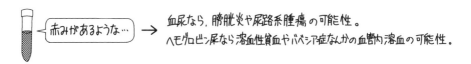 赤みがあるような… → 血尿なら、膀胱炎や尿路系腫瘍 の可能性。
ヘモグロビン尿なら溶血性貧血やバベシア症なんかの血管内溶血の可能性。

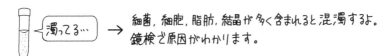 濁ってる… → 細菌、細胞、脂肪、結晶が多く含まれると混濁するよ。
鏡検で原因がわかります。

〈臭い〉

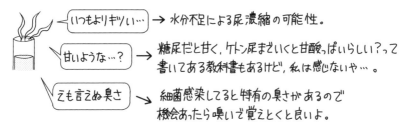

いつもよりキツい… → 水分不足による尿濃縮の可能性。

甘いような…? → 糖尿だと甘く、ケトン尿までいくと甘酸っぱいらしい?って
書いてある教科書もあるけど、私は感じないや…。

えも言えぬ臭さ → 細菌感染してると特有の臭さがあるので
機会あったら嗅いで覚えとくと良いよ。

◆比重◆ 〈犬：1.030以上、猫：1.035以上で正常

尿の濃縮機能が客観的にみれます。

〈アナログ屈折計の使い方〉

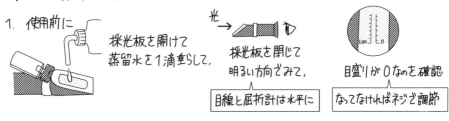

1. 使用前に
採光板を開けて
蒸留水を1滴垂らして、

光→ 採光板を閉じて
明るい方向でみて、

目盛りが0なのを確認

目線と屈折計は水平に

なってなければネジで調節

2. 蒸留水を拭き取って、

計測したい尿を
1滴垂らして、

混濁してたら遠心後の
上清を使います。

目盛りをみます。

いくつか目盛りあったら、
「1.0xx」のものを
読んでね。

使用後は蒸留水で
よく洗ってね。

◆ 尿スティック ◆ ← 正確には尿検査試験紙

1回で多くの項目を検査できるけど, 時間的制約もあって
焦りやすいよねー…。

パッチに尿をつけてから結果出るまでの
時間が決まってるから。

尿にスティックを一気に
漬けても良いし,

スポイトで1個ずつ
尿を垂らしてもOK。

尿は遠心前のものを使ってね。
検査項目や時間は
容器に書いてあるよ。

◆ 沈渣の鏡検 ◆

結石の結晶, 円柱, 血球, 細胞, 細菌 なんかが観察できるよ。
スライドは 無染色と染色の2種類作ろう。

1.

尿を遠心分離します。

2,000 rpm, 3分
1例として

2.

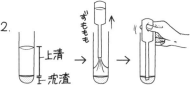

分離した上清を捨てて, 沈渣はスポイトで
ピペッティングします。

3.

スライドグラスに
1滴垂らして,

無染色なら
カバーグラス

染色するなら
染色液1滴垂らしてカバーグラス

Modified sternheimer-malbin
stain とかの尿用染色液
ニューメチ でもOK.

4. 鏡検します。
無染色はそのままだとみえづらいので,

コンデンサーを下げて
光源を弱くすると
よくみえるようになるよ。

〈無染色でよくみえるもの〉

赤血球　　　　白血球

・血球成分 → 赤血球とか白血球とか。

> 溶血したもの (ゴースト) や
> 収縮したものもあるよ。

> 変性好中球や菌の貪食もチェック

・結晶

リン酸アンモニウム
マグネシウム (ストルバイト)　　　シュウ酸カルシウム　　　尿酸アンモニウム　など

二水和物　　一水和物

> PSSを疑う所見

〈染色でよくみえるもの〉

・円柱 → 持続的に多数出ると腎障害を疑います。

> 種類色々あるけど, 光学顕微鏡での同定は
> ぶっちゃけムリです。
> 特殊な染色や顕微鏡使うのが無難

硝子円柱　　顆粒円柱　　赤血球円柱　など

・細菌 → これも同定はムリ。形とか連鎖の有無くらいしかわかりません。

桿菌　　連鎖球菌

> 同定したかったら外注で検査出しましょう。
> ついでに薬剤感受性試験もやっとくと抗菌薬選択に便利♥

・細胞

扁平上皮　　移行上皮

> やっぱ心配なのは移行上皮癌なんだけど,
> こういった簡易染色だとしっかりみれません。

↑ 沈渣塗抹標本を作ってライトギムザやディフクイックで
染色しましょう。

> 詳しくは前巻を
> みてね。

〈沈渣の評価法〉

400倍視野 (HPF) で観察したときの数を評価するよ。

評価基準ってのはあって, たとえば赤血球, 白血球は

評価	赤血球	白血球
(−)	0 / HPF	0 / HPF
(±)	< 4 / HPF	< 5 / HPF
(+)	4〜8 / HPF	5〜20 / HPF
(2+)	8〜30 / HPF	20〜50 / HPF
(3+)	> 30 / HPF	> 50 / HPF
(4+)	視野をうめつくす	視野をうめつくす

ほか, 円柱は100倍視野 (LPF) で
2〜4個あれば異常だし,
細菌, 細胞, 結晶なんかも
(−) (+) で評価します。

検査結果は, たとえばこんな感じ。

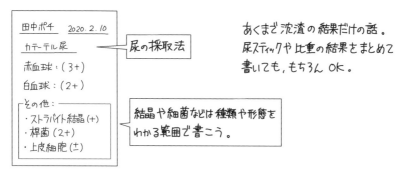

```
田中ポチ    2020.2.10
カテーテル尿 ──→ 尿の採取法
赤血球 : (3+)
白血球 : (2+)
その他 :
 ・ストラバイト結晶 (+)
 ・桿菌 (2+)
 ・上皮細胞 (±)
```

結晶や細菌などは種類や形態を
わかる範囲で書こう。

あくまで沈渣の結果だけの話。
尿スティックや比重の結果をまとめて
書いても, もちろん OK。

◆ 外注検査 ◆ ← よく使われてるもの

・UPC : 尿タンパク/クレアチニン比。慢性腎臓病のステージ判定なんかに使うよ。
　　　尿タンパクは日内変動が大きいんだけど, クレアチニンで補正して基準の値が出せます。

・尿中NAG/クレアチニン比 : NAGは尿細管が傷つくと尿中に出てくる酵素。
　　　　　膀胱炎とかの下部尿路疾患では上がんないので, 腎疾患との鑑別に使えるよ。

休日出勤とか連勤って
楽しんだもん勝ち かも。

担当の入院が長引いてピー連勤してた
同僚は休診日にゲーム機持ちこんでた。

朝・夕の処置以外は
やることないしね…。

上手に
焼けましたー。

PO4

5.
便検査

◆ 便検査でわかること ◆

基本的には,

にょろ

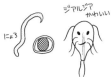
ジアルジア
かわいい

寄生虫とか
原虫とか

細菌とか
ウイルスとか

…から由来する
感染症と,

← 酵素出せないよー

膵外分泌不全 (EPI) などの特定疾患が, わかります。

◆ 検査方法いろいろ ◆

- ・外観
- ・浮遊法
- ・直接法
- ・ズダン染色, ルゴール染色, ヨード染色
- ・ライトギムザ染色 (ディフクイックでも OK)
- ・遺伝子検査 (外注)

よく行われてるのは, こんくらい。
時間も手間もかかんないので,
一気に全部やっちゃうことが多いかな。

あと便の取り扱いには
注意してね。
消毒, 処理をしっかりしないと
院内感染の原因になるよ。

〈 はい, 採便しますよ 〉

グローブをして,

きゅっ

動物の肛門に
お邪魔して

採便棒使ってもOK

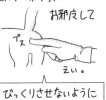
プス
えい。

びっくりさせないように
注意しましょう。

直腸便をいただくのが
1番確実です。

とったドー

直腸検査も
一緒にできます。

飼い主が持ってきた便から
採便棒で採取する場合もあるよ。

でも時間たってると検査によっては
使えません (後述するね)。
保存する場合は冷蔵で。
冷凍だと寄生虫死にます。

◆ まずは外観をチェックしよう ◆

> 虫体や片節がみつかることもあるので
> 中まで便をほぐして確認しよう。

瓜実条虫片節とか
 モミ付きの
米粒っぽい

〈色〉

 正常なら
茶〜こげ茶色

真っ黒
→ 上部消化管出血

鮮血あり
→ 下部消化管出血
（表面付着なら肛門や直腸から）

 橙色
→ ビルビン便

黄〜灰白色
→ EPIや胆汁排泄障害

おまけ
未消化物や
色のついた食事が
混ざってることもあるので注意。

5
便検査

〈硬さ〉

 正常なら、
柔らかすぎず、形状が維持できる。

> 手でつかんでも崩れません。
> 残渣はちょっと残るかな。

〈臭い〉

 特徴的なものはEPI。
酸っぱい臭いがするよ。

> 鼻にツーンとくる感じ。
> 刺激臭っぽい。

◆ 浮遊法 ◆

> 蟯卵やシストがみたいとき。
> 今回は1番簡単な飽和生理食塩水を使ったもの。

〈用意するもの〉

1.
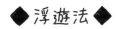 小指の先くらいの
量を使います。

検査用の便

2.
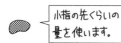
スピッツ管

3.
竹串 (or 割りばし)

4.
 飽和生理食塩水
口の細いボトルに
入れておこう。

5.
 18×18の
小さいやつ
カバーグラス

6.
スライドグラス

65

〈やり方〉

1. 便をスピッツ管に入れたら，

2. スピッツ管の半分まで生食を入れて，

3. 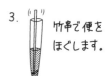 竹串で便をほぐします。

4. あふれる1歩手前までスピッツ管に生食を追加して，

表面張力で盛り上がるくらい

5. カバーグラスをそっと上に乗せて30〜40分静置

6. スライドグラスに乗せて鏡検します。

1番手軽なのがこの方法。欠点もあって，原虫のシストは壊れます。あと吸虫卵は比重が重いのでムリです。

→ MGL法を使おう！

◆ 直接法 ◆

寄生虫卵や細菌，原虫など。運動性もみれるよ！

〈用意するもの〉

1. 検査用の便
耳かき1杯よりも少ないくらい。

2. 生理食塩水 生食

3. 楊枝 よーじ

4. 小さいやつ カバー & スライドグラス

〈やり方〉

1. スライドグラスに生食を1滴落として

2. 便と生食を楊枝でよく混ぜます。

3. カバーグラスを乗せて鏡検

すぐ鏡検しようね。生食が結晶化しちゃうし，病原体の運動性もなくなるよ。

注意したいのが便を採取してからの時間。特にジアルジアやトリコモナスは排泄1時間以内じゃないと運動性がみられなくなるよ。

◆ 何が出るかな？ ◆

浮遊法と直接法でみえてくるモノたち。

> イラストは大雑把な理解用です。
> ちゃんと写真でみとくと良いよ。

〈虫卵〉

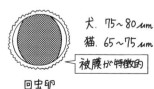

たとえば，

犬. 75〜80 μm
猫. 65〜75 μm

被膜が特徴的

回虫卵

卵栓が特徴的

75 × 40 μm
ラグビーボール型

鞭虫卵

60〜70 μm

卵細胞は
8〜32個

鈎虫卵

〈原虫類〉

たとえば，

ジアルジアの
栄養型
10〜20 μm

トリコモナスの
栄養型
10〜20 μm

〈細菌類〉

たとえば，

芽胞菌（Clostridium perfringens とか）

ドラムスティック型の形状

高倍視野で 10個↑ みえたら異常

らせん菌
（Campylobacter 属や
Helicobacter 属）

〈その他〉

病原性なし

細菌は
これくらい

酵母様真菌

浮遊するため，
ほかの成分と
ピントがズレます。
└カバーグラス側

脂肪滴

気泡っぽくみえるけど，高倍で
絞ると同心円模様あり。

デンプン粒

褐色で横紋構造あり。
消化が進んだものは
丸くなって横紋も消えます。

筋線維

虫卵と間違えやすい。
大きさや色，構造で区別しよう。

花粉

etc.

◆ ズダン, ルゴール (ヨード) 染色 ◆ ← 栄養素がちゃんと消化できてるか

やり方は直接法の生食が各染色液に変わるだけ。

〈ズダン染色〉

脂肪滴がオレンジ色に染まります。

脂肪が便中に出るのは, 胆汁酸不足や EPI の可能性

〈ルゴール (ヨード) 染色〉

デンプン粒が紫〜黒色に染まります。

私は陽性
みたことないなー。

草を多く食べてると出てくることもあるらしいよ。

◆ ライトギムザ染色 ◆ ← ディフ・クイックでもOK

染色法は前巻で描いたとおり。便の塗抹作ってアルコールで固定して染色。

1番よくみえるのは細菌だけど, ∥桿菌と ○球菌のバランスは「1：1」が正常。

あとは,

染色されるので,
みやすくなります。

原虫とか

赤血球や炎症細胞など

消化管型リンパ腫だとリンパ球が
みえるらしいけど, 私はみたことないなー。

◆ 遺伝子検査 ◆

アイデックスラボラトリーズ(株)さんにて, リアルタイムPCRを使った遺伝子検査ができます。

犬：ジステンパーV, パルボV, コロナV, Cryptospridium, Giardia, Salmonella など細菌 5種

猫：コロナV, FPLV, Toxoplasma gondii など原虫4種, Salmonella など細菌4種

まとめて検査することもできるし, 項目によっては単品で検査も可能です。

フォローアップのたびに
まとめて検査してたら
お金もったいないしね。

6.
抗がん剤投与で
知っておくべきこと

◆ そもそも抗がん剤ってなんぞ？ ◆

リンパ腫とかマージン不十分な腫瘍とか、オペで切除できない悪性腫瘍に対して
行う治療の一つが「抗がん剤」。→ 化学療法とも呼ぶよ。

ずらり

オペや放射線治療が局所療法なのに対して、抗がん剤は全身療法
という特徴があります。

オペ後に抗がん剤、とか併用治療することもあるよ。

◆ 抗がん剤の効きドコロ ◆

生物で習った 細胞周期って覚えてますか？ 実は効き方と関連してて、それぞれ

ぐるぐるーん

・M期（細胞分裂期）：ビンクリスチン

・G₁期（DNA合成準備期）：L-アスパラギナーゼ

・S期（DNA合成期）：代謝拮抗薬

・G₂期（前細胞分裂期）：ブレオマイシン、ダカルバジン

… が効きます。

つまり併用して薬を使うなら異なる時期に効くものを組み合わせると効果的ってこと。

ちなみに、アルキル化薬（ダカルバジン以外）、ドキソルビシン、白金製剤は
細胞周期に影響されないよ。

◆ 抗がん剤の治療反応性評価 ◆

ここで問題です。

「完治」と「寛解」、この言葉の違いを説明できますか？

正解は…

「完治」： すべての腫瘍細胞が根絶した状態

サヨナラ〜

「寛解」： 臨床検査とかで病変が認められない状態

ちら

もしかしたら腫瘍細胞いるかも。

現場で使う言葉は「寛解」が圧倒的に多いです。

ここで注意しなきゃならんのが、

完治しましたよ。

（本当は寛解）

って間違って使っちゃうこと。

説明するときも、ごっちゃにすると、誤解を招くよ…。

さて。治療反応性の評価だけど、

病変（腫瘍やリンパ節）の大きさ（最大直径）の総和で評価します。

正確に評価するコツは、測り方を毎回同じにすること。

なので、毎回同じ人が測るのが理想的ではあるよ。

ノギス

カルテの表記は、大きさの実寸値と、以下の評価を記入しとこう。

・CR（complete response）： 腫瘍が完全に消失

やった〜い

・PR（partial response）： 腫瘍の大きさの和が30%以上減少

まぁまぁ

・SD（stable disease）： 腫瘍の大きさに変化なし

う〜ん？

・PD（progressive disease）： 腫瘍の大きさの和が20%以上増加、かつ
絶対値でも5mm以上増加、あるいは新病変の出現

ふえええ…!

71

◆投与する前に！◆

〈薬用量計算をしよう〉 ← 詳しくは前巻をみてね。

ダブルチェックは必ずしましょう。投薬量間違えると、下手すると死ぬよ。
あと計算で出た端数の切り上げは厳禁です!! 有害事象が致死的になるよ…。

たとえば

計算したよ。 0.87

うーん…

こんなに細かく測れないなぁ…。
あ！そうだ！

ちょっとの差だし
1mLでいっか！
ダメです。

この場合、0.13mLと少々の増量にみえるけど、実際は 15％も 増量されてます。
より目盛りの小さいシリンジを使うなどして細かい値にも対応しましょう。

どうしてもムリなら
切り捨てよう。

〈有害事象（副作用）を知っておこう〉

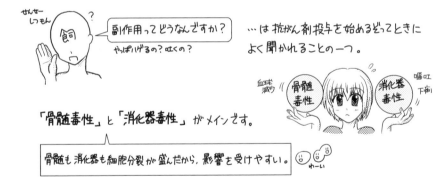

センセーしつもん
副作用ってどうなんですか？
やっぱハゲるの？吐くの？

…は 抗がん剤投与を始めるぞってときに
よく聞かれることの一つ。

血球減少 骨髄毒性　消化器毒性　嘔吐 下痢

「骨髄毒性」と「消化器毒性」がメインです。

骨髄も消化器も細胞分裂が盛んだから、影響を受けやすい。 わーい

ちなみにヒトだと「抗がん剤治療で脱毛する」てイメージあるけど
獣医療でよく使う抗がん剤で脱毛起こすのはドキソルビシンくらい。

プードルとか影響受けやすいらしい…。

各論で後述します。

あと、ヒトは高用量を連続して使うけど、動物はQOLを重んじるので
投与量も副作用もヒトよりマイルドです。

72

どんくらい有害事象が出てるかを客観視するにはGrade評価をします。

・骨髄毒性 < 塗抹しっかりみましょう。　投与後5~8日がピーク

	Grade 1	Grade 2	Grade 3	Grade 4
好中球減少	1,500~2,900	1,000~1,499	500~999	<500
血小板減少	10~20万	5~9.9万	2.5~4.9万	<2.5万

・消化器毒性 < 問診での聴取が重要　投与後2日がピーク

	Grade 1	Grade 2	Grade 3	Grade 4	Grade 5
嘔吐	・<3 epi./24h （epi.：エピソード）	・3~5 epi./24h ・3回未満が3~4日 ・24h未満の非経口輸液必要	・6epi.以上/24h ・5日以上の嘔吐 ・24h以上の輸液やPPN/TPNが必要	生命にかかわる状況	死亡
下痢	2回/日以上の排便回数増加	・2~6回/日の排便回数増加 ・24h未満の非経口輸液必要 ・日常生活に支障なし	・7回/日以上の排便回数増加 ・便失禁 ・24h以上の輸液が必要 ・日常生活に支障あり	生命にかかわる状況	死亡
食欲不振	食欲の維持に促しや食事の変更が必要	・3日未満の食欲不振で顕著な体重減少なし ・経口の栄養サプリメントが必要	・3~5日の食欲不振 ・顕著な体重減少 ・輸液,tube feeding,TPNが必要	・6日以上の食欲不振 ・生命にかかわる状況	死亡

Grade評価によって抗がん剤の減量,休薬も考慮するので,

自宅での様子を問診でしっかり聞いておくこと。

なお,嘔吐は「回数」でなく「エピソード」で判定するので,

たいへん!　連続で3回も吐いたの!!　と言われても,3エピソードでなく,1エピソードとします。

〈減量も休薬もあるんだよ〉

しょぼん

前回の投与で有害事象が出すぎた場合,「投与量過多」として
投与量を減らすことがあります。減量は 25% 単位が基本。

> Grade 2~3 以上なら減量,休薬が無難です。
> 無理に投与すると体に負担かかりすぎて死んじゃうよ…。

とはいえ,

< 昔からなんとなく胃腸が弱くて…

< 副作用怖いから投与量多くしないで!

こういう「科学的根拠に基づかない」減量はNG

完全寛解状態で20%減量すると,
完治率が50%下がると言われてます。

〈禁忌ってあるの？〉─< ありますよ!

{ ・シスプラチン：致死性の肺水腫を起こす。

・5-FU：致死性の神経症状を起こす。

> どっちも猫には禁忌!!
> 犬に対しても使用頻度
> 低いけどね。

あと,各条件下で注意しなきゃいけないのは,

▶ T-Bil 1.5 mg/dL 以上 ─ ドキソルビシン, ビンクリスチンは 50% 減量

▶ 腎機能障害あり ┬ シスプラチンは禁忌

└ カルボプラチン, シクロホスファミド, ブレオマイシン, ドキソルビシン(猫)は使用注意

▶ 犬で心収縮力(FS) 28% 以下 ─ ドキソルビシンは禁忌

> よく使う薬も含まれてるよ!投与前の検査はしっかり行おうね!!

うーん, T-Bil 高いか。
こりゃ減量だなー。

〈留置は失敗できないと思え〉

←失敗！

↓上流も使えない‼

前巻でも描いたけど，抗がん剤留置は基本的に

「その肢で1度も失敗せず，確実に入ったもの」

しか使えません。 血管外漏出を防ぐため

P4

カッ

捕えた

確実に入れられる血管を見極めてから刺してね。

自信なかったら留置神に助けてもらおう。

◆ 抗がん剤の暴露に気をつけよう ◆

抗がん剤を扱う際は

・安全ゴーグル
・グローブ
・マスク   を忘れずにね。

投与者だけでなく
保定者も同様です。

安全キャビネット

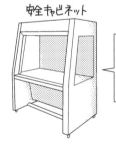

高いしねー。
大きい病院にしか
ない気がする。

バイアルなどから吸う場合，暴露を防ぐため，
ドラフトチャンバー内で行うのがベスト…
なんだけど，持ってないとこも多いと思うので…。

閉鎖式薬物混合器具 というのがあります。

密閉性の高い状態で
吸うことができます。

BDファシール™（日本ベクトン・ディッキンソン（株）
ChemoCLAVE（ニプロ（株）） など

私は使ったこと
ないんだけどね。

バイアルとシリンジに
器具をつけて，

どっちも使わない場合、苦肉の策として…

1.

平らな机の上に
ペットシーツを敷きます。

2.

バット内にもペットシーツを敷いて、
抗がん剤やシリンジなどを入れます。

3.

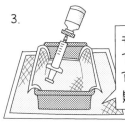

もし机の上に薬をこぼしても
アルコールで拭かないでね。
アルコールと一緒に成分が
気化しちゃうから。

机上のペットシーツの上にバットを置いて、
バット内で作業を行います。

4.

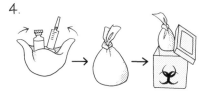

投与後は使用済シリンジなどをペットシーツで
くるんで、二重にしたビニール袋へ入れて、口を
よく結んで医廃へポイ。

点滴に抗がん剤を混ぜる場合は、

あらかじめライン内を
点滴液で満たしてから、

点滴バック内に
抗がん剤を入れます。

ラインをつなぐ際の暴露を
防止するため。

点滴用の閉鎖式器具も
市販されてるよ。

〈投与後の排泄物の取り扱い〉 ← 飼い主が自宅で行うときの注意

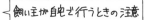

基本事項として、

トイレや嘔吐物の処理時は
飼い主にマスクとグローブの
着用をしてもらいます。

投与後48時間まで

特に妊婦や小さい子供が
いる家庭は厳重にね。

76

▶ 尿中に排泄される薬（腎代謝）← 公園など公共の場で排泄しないように注意

→ シクロホスファミド，ダカルバジン，シタラビン，シスプラチン，ロムスチン，ミトキサントロン

▶ 糞便中に排泄される薬（肝代謝）← 便はビニール袋に入れて口を結んで廃棄

→ ドキソルビシン，ビンクリスチン，ビンブラスチン

◆ 腫瘍崩壊（溶解）症候群 ◆

  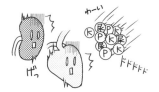

腫瘍細胞に
抗がん剤を使うと，

急速に死滅した腫瘍細胞から
K，P，尿酸 が血中へ放出

それにより急性腎不全，不整脈，
血圧低下などが起こります。

こういった腫瘍および細胞内含有物の放出により起こる代謝系の異常を
「腫瘍崩壊症候群」と言います。 最悪 死にます。

特に初回投与で
起こりやすいよ。

〈死にたくなくば対策しましょう〉

リンパ腫，白血病，巨大固形癌で
発生しやすいから，腫瘍の種類にも注意しとこう。

血検でリスクをモニターできます。

腎機能，Ca，P，電解質などを投与前にチェック。
可能なら尿酸値もね。

CKDとかのハイリスク症例に対しては，

・輸液
・利尿
・尿酸生成の抑制（アロプリノール投与）
・血検によるモニター（投与後 24〜48hまで 6hごとが理想）

もちろん，入院下で対策します。
点滴とモニタリングを忘れずに。

◆ 抗がん剤 各論 ◆

全部紹介してたらキリがないんで、よく使うものを中心に。
基本的に投与経路はIVだけど、SC, Poのもあるよ。

〈 ドキソルビシン : DXR, DOX 〉← 犬種によっては脱毛するかも。猫はヒゲが抜けたりとか。

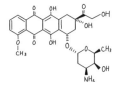

赤いやつ。投与方法が面倒なことで有名。

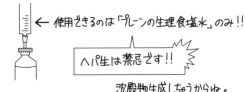

← 使用できるのは「プレーンの生理食塩水」のみ!!

ヘパ生は禁忌です!!

粉末薬なので溶かして使うんだけど、

沈殿物生成しちゃうからね。

もちろん留置入れるときも ヘパ生フラッシュは NG

プレーンの生食でフラッシュしたら、血餅できる前に投与スタートしちゃうのが吉です。

FS
28%

心毒性のある薬なので、FS 28% 以下の犬には禁忌。
蓄積性なので生涯投与量は 180 mg/m² 以下にキープ。

超えると心筋障害が高頻度で起こります。
心疾患あったり投与量超えてたら MIT 使うよ。

猫は耐性できるが
腎毒性のことが多い。

計算した量を
吸ったら、

+

生食

生食で 50〜60mL に
メスアップして、

=

30min.

1〜2 mL/分

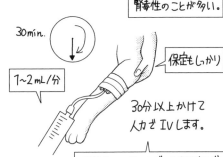

保定もしっかり

30分以上かけて
人力で IV します。

時間をかけることで、心毒性軽減と
抗がん剤効果増大が期待できるよ。

これ、病院によっては鎮静かけて（かけないとこもあるみたい…）シリポン使って投与してるみたいだけど、それは絶対にやめた方が良いと思います…。

ラクなんだろうけど…
うーん…

なんでかっつーと、DXRは血管外漏出するとすぐ対処しないと、その部位が壊死るから。

効率も大事だけど、やっぱ事故んないことがマストかと思うので…

① ちゃんと人の手で保定して

② 血液のバックを確かめつつ

おっけー

駆血してもらって確認します。

③ 時間をかけて投与

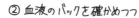

30分以上

生食

シリンジ内の薬液を投与したら、チューブ内のフラッシュも忘れずにね。

当然、プレーンの生食を使います。
ヘパ生はダメだよ!!

それでも、

血管外漏出しちゃったかも…
って場合の対処法。

何もしないと、2カ月くらいかけてじわじわ壊死って、下手すりゃ断脚するので

ぐぃー

慌てて留置を抜かず、まずは留置からできる限り吸引して、

→

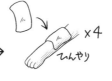
×4
ひんやり

24〜48時間以内に冷湿布を1回20〜30分、1日4回。

→

切開してデブリードマン

一般的な応急処置はこんな感じ。

79

一応、デクスラゾキサンっていう拮抗薬はあります。

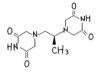

日本だとサビーン® (キッセイ薬品工業(株))という名前で
販売してるけど、めっちゃ高い。お値段なんと!!

46,437円/500mg (2019年12月現在)　お守り代わりに持ってると良いかも?

犬で血管外漏出発覚2時間以内に231〜500mg/㎡で1〜3回投与して、
外科処置なしで回復したって報告があるよ。

あと、DXRは投与に時間がどうしてもかかるので、
混雑する時間の来院は避けてもらうのが無難です。
時間かかる、焦る、待たせるの三重苦で全員が不幸になります。

もしくは、朝預かって夕方迎えに来てもらうとか
混雑時にしか来られないなら時間かかると前もって伝えとこう。

〈 ミトキサントロン:MIT 〉 ← TCCでよく使われてるイメージ

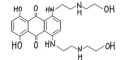

青いやつ。DXRより心毒性弱いけど、骨髄毒性は強め。

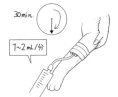

30min.

1〜2mL/分

使い方はDXRと同じ。
生食で溶かして、30分以上かけて投与。

青い?

さぁ?

あと、投与後に皮膚や強膜が一時的に青くなったり
尿が青く変色する副作用が出るらしいので、
使用するときは説明を忘れずにね。

私はみたことないけど。

〈シクロホスファミド：CPA〉

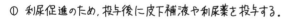

副作用の無菌性出血性膀胱炎が有名

一過性だから2～5週間で治るけど、予防はしときたいので…

予防法として、

① 利尿促進のため、投与後に皮下補液や利尿薬を投与する。

② メスナを投与する。 ← 副作用の原因のアクロレイン無害化と生成抑制

③ もともと膀胱炎や排尿障害の動物に投与しない。

④ 投与経路を変更する。  → POの方が出にくいらしい？

〈ビンクリスチン：VCR〉

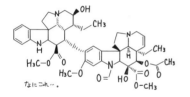

なにこれ…。

経験的にだけど、犬で消化器毒性 強いよ。

投与翌日に急患で来院することも 多かったなー…。

ショットで投与可能なのは楽で良いんだけど、
漏出時の毒性はDXRばりに強いので注意。← 皮膚腐ります。

→ 漏出したかも…ってときの対処法は、

留置は抜かずに
できるだけ吸引して、

温湿布を
数時間あてます。

ヒトだとヒアルロニダーゼ投与が効く
らしいんだけど、動物での報告は
みつかんなかったよ…。

ごめんねー。

6

抗がん剤投与で知っておくべきこと

〈 L-アスパラギナーゼ : L-ASP 〉

注射薬の抗がん剤の中で唯一SCが可能。ラクちん。

粉末薬なのでバイアル内で溶かすけど、<u>泡立てないように注意</u> ← 酵素が失活するから。

溶解液の入ったシリンジの針を
バイアルに刺したら、プランジャーは
押さずに引きます。

> バイアル内陽圧になって危ないし、
> 勢いよく押し入れて泡立つかもしんないから。

圧力差で自然に注入されるけど、
針がバイアル壁に触れるように
傾けて、壁を伝わせてゆっくり
入れます。

→ あとは転倒混和でゆっくり混ぜよう。

◎ 気をつけなきゃいけない副作用は「アナフィラキシー」と「急性膵炎」 それ以外は
かなりマイルド

▶ アナフィラキシー

予防のためにジフェンヒドラミンを投与30分前に
1mg/kg でSCします。

> 前巻の「輸血」でも
> 使ったやつ！

▶ 急性膵炎

ヒトでは急性膵炎を起こしやすい薬なんだけど、
犬でも報告あり。 膵炎歴のある動物では注意しとこう。

◎ 併用注意なのは「VCR」

ちょ?!

VCR   L-ASP

リンパ腫でUW-25プロトコルを使う場合、VCRの前に
L-ASPを使うことがあるかもしんないけど、短時間内に
併用すると骨髄毒性が重度に出ます。

> 私は24時間以上間隔開けろって教わったけど、
> 実際は1週間開けた方が無難かも…。

〈 クロラムブシル : CHL, CB 〉 →冷蔵,遮光保存

結構使うと思うんだけど, 国内未承認薬 (2019年12月現在)
なので, 個人輸入で入手する必要があるよ。

剤形は錠剤です。
なので欠点は, 用量調節がしづらいこと。

基本的に 分割はせずに「3日に1回1錠」って感じで 日数で 用量調節しましょう。

> どーしても分割したいなら, ドラフトチャンバー必須! 危ないよ!!
> そもそも分割しても量が不正確だから, お勧めはしない…。

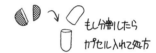

もし分割したら
カプセル入れて処方

〈 トセラニブ 〉

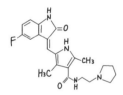

作用機序のちょっと変わった「分子標的薬」って薬の一つ。
獣医療で使われる分子標的薬は, ほかにイマチニブもあるけど
トセラニブはその特性上, 様々な腫瘍への効果が報告されてます。

そもそも 細胞ってのは,

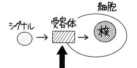

何らかのシグナルを受容体で受信することで,
増えたり減ったりの挙動が 決まるんだけど,

この受容体を阻害するのが, 分子標的薬。

> 普通の抗がん剤は細胞を
> 丸ごと攻撃するよね。

この受容体には色んな 種類があって, たとえば

- ・ KIT ： 細胞の増殖に関わる。
- ・ VEGER ： 細胞への血管新生に関わる。   などがあります。

もし細胞が腫瘍化したら…

KITが変異 → 細胞の異常増殖

VEGFRが変異 → 細胞への異常な血管新生

受容体も遺伝子変異

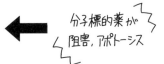

分子標的薬が阻害, アポトーシス

特にトセラニブはKITとVEGFRを主に阻害するので, 〈 イマチニブはKITのみ 〉
肥満細胞腫をはじめ, 様々な腫瘍への効果ありって言われてるよ。

 上記のように細胞を攻撃するわけじゃないから副作用は出にくいんだけど,

 頻度が高いのは消化器毒性

あと, スニチニブって類似薬がヒトで使われてるんだけど, 副作用で甲状腺機能低下症が報告されてるから, 念のため運動不耐性とかの徴候ないか みとくと良いかも。

 錠剤だけどCHLと同様に分割は非推奨。
室温で保存しましょう。

 NG

7.
オペ前準備

◆ 何よりも清潔さをウリにすべし ◆

昔々、学生の頃に行った共済実習で
「牛は感染に強いから大丈夫!」と、汚い牛舎で
四変のオペしてたのにはドン引きしたけど、

基本的にオペってのは「清潔第一」が原則です。

@ 牛舎(汚い)

ドレープ
↓かけただけ

もちろん意識あり

マジで?!

←若かりし北見

術後感染されたら
目もあてらんないしね…。

◆ 汚物は消毒だー!! ◆

ヒャッハー!

ゴーッ

これは
火炎滅菌

さて、オペをするにあたり清潔にするべきものは、

- ・オペ室、器具台 → 消毒
- ・オペ器具 → 滅菌
- ・術野 → 消毒
- ・オペ室に出入りする人間 → 消毒

めんどいからってオペ用スクラブで診療して
そのままオペ室入るのは御法度だどー。

理想は滅菌状態なんだけど、
人間や動物をオートクレーブには入れらんないので
消毒状態にします。　部屋もムリだね。

ちなみに、滅菌は全ての微生物の死滅、除去
消毒は病原性微生物の死滅、除去

◆ オペ室・器具台の消毒 ◆

基本的なこととして、
常日頃から掃除をしっかりしておくこと!

無影灯もしっかりね。
オペ中動かしたら術野に
ホコリ降ってきた、て話もあるので…。

オペ室ってのは、

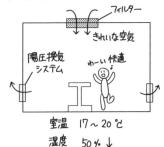

フィルター

きれいな空気

陽圧換気
システム

わーい快適

室温　17〜20℃
湿度　50%↓

簡単に描くとこんな感じで稼動してて
陽圧換気 & フィルターで 空気が きれいな状態、
温湿度も細菌繁殖しにくい環境に保たれてます。

ので、

- ・術中は扉を開けっぱなしにしない!!
- ・出入りは最小限に!!

を心がけてね♥ (^^#)

器具台は, アルコール綿を使って,

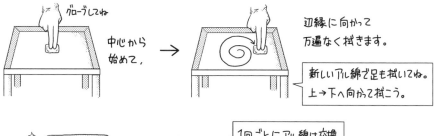

グローブしてね

中心から始めて,

辺縁に向かって万遍なく拭きます。

新しいアル綿で足も拭いてね。
上→下へ向かって拭こう。

3回拭いたら　1回ごとにアル綿は交換
上から滅菌ドレープをかけて完成です✧
もう非滅状態で触れちゃダメだよ。

◆ オペ器具の滅菌 ◆

「高圧蒸気滅菌(オートクレーブ)」と「ガス滅菌」を主に使うよ。

〈オートクレーブ〉

えへん

多分, 現場で最も使われてる滅菌機。イモを蒸かすのと同じ原理。
設定温度で滅菌時間が変わってくるので注意。

これで滅菌できないものはガス滅菌です。

121℃で20分, 126℃で15分とか

〈ガス滅菌〉

$$H_2C \underset{O}{\overset{}{\diagdown\diagup}} CH_2$$

エチレンオキサイド

オートクレーブには入れられない器具(耐熱性の低いゴム製品, プラスチック, スコープ
などの精密機械)の滅菌で使うよ。主流はエチレンオキサイドガス(EOG)。

ただし このガスは有毒性が強いので, 取り扱いには注意です。

修了証
もらえるよ。

あとEOGを扱うには
「特定化学物質作業主任者技能講習」の
受講と, 年2回の環境測定が
必須になるよ。

ホルムアルデヒドガスを使った
滅菌方法もあります。滅菌器としては
EOGより安全性高いし, コストも安価。

$$H-\underset{\underset{O}{\|}}{C}-H$$　ホルムアルデヒド

〈滅菌インジケーター〉

化学的インジケーターと生物学的インジケーターの2種類

滅菌したいものを
カストとかに入れたら、

ぱたん

蓋をして
滅菌テープを貼るよね。

滅菌した日付も
書いとこうね。

これが化学的インジケーター

滅菌テープを貼っておくと、色の変化などがみられます。

滅菌前

滅菌後

ただし、滅菌テープってのは「滅菌に必要な条件を
満たした」ってことを表してるだけなので、
滅菌後の無菌性は保証されないよ。

ちなみに滅菌キープ期間は
・カストのみ：1週間
・カストを不織布で
一重包装：3ヵ月
・ガス滅菌バッグ：3ヵ月

中身がちゃんと滅菌されてるか確認したいなら、

生物学的インジケーターを使います。

抵抗性の強い細菌芽胞の入った
バイアルが市販されてます。

こんなの。

バイアルを器具類と一緒に滅菌して
培養後、専用リーダーで判定。

さすがに毎回チェックは大変なので、
定期的にやっておくと良いと思うよ。

◆衛野の消毒◆
〈用意するもの〉

1.

帽子
マスク
グローブ

全て非滅でOK

2.

バリカン

3.

掃除機

細いノズルにするか、
ヘッドは外しとこう。

4. 消毒セット

70%アルコール と クロルヘキシジン を用意

ヨード使うこともあるけど、紅斑とか皮膚症状出ることもあるみたい。

滅菌ガーゼは各消毒液に浸したものを作ってね。

スプレー　滅菌ガーゼ

〈術野をキレイキレイしましょ〉

まず前提として、以下は前室で行います。(NOT オペ室!!)

> なんでかっつーと、刈った毛が空中に飛散したり、非滅の道具が不潔だから。

ゼロ
0.

理想的には、被毛処理を事前に行っておくのが良いので、可能であればオペ3日前〜前日までにお風呂に入れます。

> 全身状態が良い場合の話。ムリはしないでね。

1. 動物に麻酔をかけたら、帽子とマスクとグローブを装備して、

ばいーん

ゴー

バリカンで毛を刈っていきます。マージンは切開線から15〜20cm。カミソリは皮膚を傷つけて感染が広がる可能性あるのでNG。

> 刈ったそばから掃除機で吸っていくと散らからないよ。

2.

後肢、骨盤、馬尾、肛門周囲のオペは事前に肛門に巾着縫合。

四肢のオペなら末端を粘着包帯で覆っておきます。

> 末端は後で吊るすからね。

3.

アルコールを染みこませたガーゼで毛の吸い残しを拭ったら、

4.

クロルヘキシジンを術野全域にスプレー

5.
くしゃ くしゃ

クロルヘキシジンを染みこませた
ガーゼをくしゃくしゃして
泡立たせたら、

6.

両手で術野の中心→外へ
向かってしっかり拭きます。

> キレイなとこから。
> 自潰部などは最後に。

7.

アルコールガーゼで
同様に拭きます。

5.~7. を 3回繰り返します。

> その都度新しいガーゼを使ってね！

8.

仕上げに全体に
クロルヘキシジンを
スプレー。

> 術野の中心→外へ向かう感じで

つやつや

これで術野は
無菌に近い状態です。

注意してオペ室に運んでね。

> 私がやりましたぁ～…

触れちゃったら正直に申告してね。
後で感染起こす方がサイアク。

◆ そして我々の消毒 ◆

基本スタイルは こんな感じ。

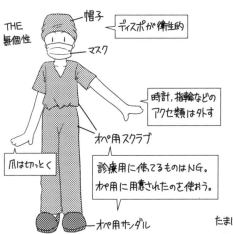

THE
無個性

帽子 ← ディスポが衛生的

マスク

時計、指輪などの
アクセ類は外す

オペ用スクラブ

診療用に使ってるものはNG。
オペ用に用意されたのを使おう。

爪は切っとく

オペ用サンダル

髪の長い女の子には

シャワーキャップ型 が便利。
前髪も全部 入れましょう。

マスクは横から口や鼻がみえないように。

♪

たまに こういう結び方してる人
いるけどNG。隙間できやすいから。

これが正解。

90

〈手をキレイにしよう〉

昔、ここが
なんとなく
怖かった(笑)

オペ室のソトには こんな感じで手洗い場があって、
センサーとか足元のペダルで水、消毒液、ブラシが 出ます。

> どうせ滅菌グローブするんだし、
> 手洗いなんてしなくて良いんじゃない?

なーんて思うかもしんないけど、万が一 オペ中にグローブが
破けても汚染を最小限にするため、今日も手洗いに励むのです。

手洗いには2種類あって、

- ・スクラブ法 ： ブラシを使って洗う古典的なやり方
- ・ラビング法 ： アルコールなどの消毒液で揉み洗いするやり方

> 過度のブラッシングで皮膚が傷付いて細菌が増殖しやすくなる、とのことで
> 最近はラビング法が推奨されてるよ。

ブラッシング時間も
昔の10分から
2~6分に短縮してるよ。

手の汚れ方も 場所によって違いがあって、

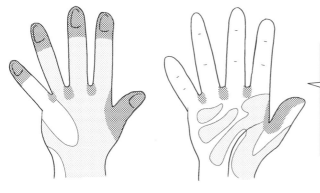

> 親指が 1番 汚れやすくて、
> 指先、指の間も 汚れやすい
> ことがわかるかな?
>
> こういうとこを意識して
> 手洗いをしよう。

手の甲　　　　手のひら

▨ ＞ ▢ ＞ ▢ で 汚れやすい。

（スクラブ法）→ 手指は常に肘より上の位置をキープ！

1.

手のひら・甲、指間、親指、指先など前ページの汚れ分布を意識しよう。

流水で指先〜肘までを濡らしてハンドソープで洗ってすすぎます。

2.

にょーん

どっちもセンサーとかで出てきます。

滅菌ブラシに水と消毒液をつけて、手〜肘を磨いていきます。

3. 洗う順番は、手の末端 → 肘の順 ← 汚いとこから洗っていきます。

まずは爪先

指先 揃えます。

各指
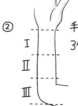

手のひら・甲

手首〜肘

洗うときのルールとして、

① 手の各部位を四面体として

5回ずつ
ブラッシング
×5

② 手首〜肘は
3分割して洗う。

I
II
III

腕1本にかける時間は1回5分くらい。左右3回ずつ洗って終わるです。1回目の洗浄が終わったらブラシはその都度交換してね。

4.
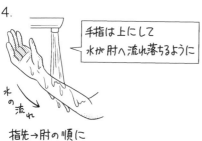

手指は上にして水が肘へ流れ落ちるように

水の流れ

指先→肘の順に水ですすぎます。

5.

滅菌タオルで拭きます。

タオルは押し当てて水分を吸い取るようにして拭きましょう。

タオルはそのまま床にポイして OK

（ラビング法）　ヒビスコール® 使う場合は 泡立つから 水ですすいで 滅菌タオルで 拭いてね。　下の図は アルコールなので ウォーターレス

1.

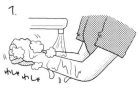

スクラブ法と同じく
流水とハンドソープで洗って,

完全に
乾かします。

非滅のペーパータオルで
拭きます。

2.

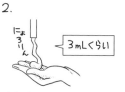

にょろろーん　← 3mLくらい

消毒液（擦式アルコールとか）を
左の手のひらに取ります。

3. 手〜肘に 万遍なく 擦りこみます。　　矢印の方向に動かそう

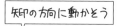

手のひら・甲　　　　　指間　　　　指の背面　　　　親指

指先　　　　　手首〜肘

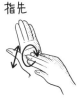　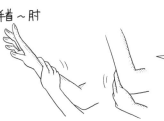

これは右側を洗ってます。
左側も同様に洗ったら,
最後に両手で両側を洗います。
自然乾燥させて おわり！

無心
自然と
このポーズになる。

手洗いは これで 終了です。

ここから先, 滅菌されてるもの 以外は お触り厳禁 です。

触れちゃったら手洗いやり直し〜

手は常に腰より上（胸の位置くらい）に掲げときましょう。

次はガウンとグローブを装備するよー。

〈ガウンとグローブを装備しよう〉

ぱらら ぱぱー

めっきんガウンとめっきん
グローブを てにいれた！

1.

体から離してね。

ぱさっ

そのまま広げます。

ガウンの表側は清潔野です。
広げたときに余計なものに触れないよう、
広いスペースで着ましょう。

たたまれたガウンの肩口部分に
両手を入れて、

2.

ガウンに腕を
通していきます。

首のヒモを助手に
持ってもらうと着やすいよ。

もど もど

手はまだ
出さないでね。

萌え袖で
待機

3.

よ〜
う〜

① ② ③

助手に首の後ろのヒモ（①）
腰の内側のヒモ（②）を
結んでもらいます。

腰の③のヒモは
また後で。

先にグローブを着けるよ。

4. グローブの包みを開けると、

外側
内側

内側がめくれた状態で
入ってます。

内側は不潔野なので、触れないように注意

94

5. 右手で左グローブをとって 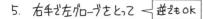 逆でもOK

手は出さずに
折り返し部分を持ちます。

左手にグローブを着けます。

折り返しはまだそのまま

ガウンの袖口ごと
グローブ内へ

6. 左手で右グローブをとって,

今度は折り返しの
内側を持ちます。

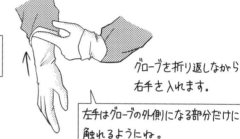

グローブを折り返しながら
右手を入れます。

左手はグローブの外側になる部分だけに
触れるようにね。

7.

右手を左グローブの折り返し内側に
入れて、そのまま伸ばして折り返します。

手をわきわきして
グローブを整えます。

ぐっぱー

8. ガウンに戻るよ！ ③のヒモを結びます。

③についてる紙の矢印の方の
ヒモを外して、

矢印側を
助手に渡します。

はい

外したヒモは
左手に持っておきます。

9.

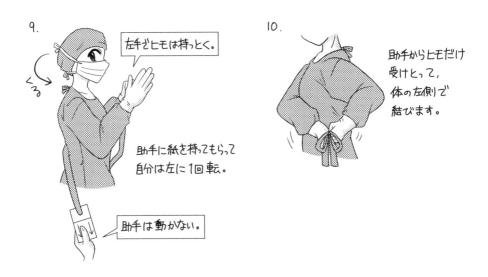

左手でヒモは持っとく。

助手に紙を持ってもらって
自分は左に1回転。

くる

助手は動かない。

10.

助手からヒモだけ
受けとって、
体の左側で
結びます。

11. 装備完了！

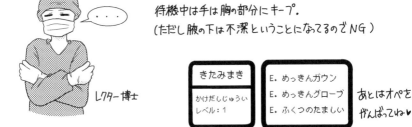

やっぱり無心

・・・

レクター博士

ガウンの腰から下は不潔ということになっているので、
待機中は手は胸の部分にキープ。
（ただし腋の下は不潔ということになってるのでNG）

きたみまき		E. めっきんガウン	あとはオペを
かけだしじゅうい		E. めっきんグローブ	がんばってね♥
レベル：1		E. ふくつのたましい	

8.
気管挿管

捕えた…！

オペ前はもちろん，全身麻酔が必要な
検査やエマ対応時など，気管挿管をする
機会って結構多いよ。

これができなきゃ話にならんこともあるので
確実に入れられるようになりましょー。☺

◆ 用意するもの ◆

1. 喉頭鏡　ブレードは2種類

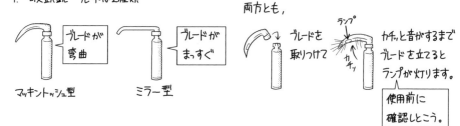

ブレードが
弯曲

ブレードが
まっすぐ

マッキントッシュ型　　　ミラー型

両方とも，

ブレードを
取りつけて

ランプ

カチッ

カチッと音がするまで
ブレードを立てると
ランプが灯ります。

使用前に
確認しとこう。

2. 気管チューブ（or ラリンジアルマスク）

ラリンジアルマスク。
制限はあるけど気管チューブより
簡単に入れられるよ。

詳しくは後述するね。

3. 空シリンジ

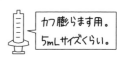

カフ膨らます用。
5mLサイズくらい。

4. 潤滑ゼリー

K-Yゼリー
とか。

5. ヒモ（包帯）

気管チューブ固定用

6. リドカインスプレー

必要に応じて

7. バイトブロック

必要に応じて

8. スタイレット

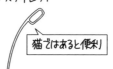

猫ではあると便利♪

9. 舌鉗子

必要に応じて

◆挿管をする前に◆ ← 気管チューブのサイズを決めよう！

 麻酔前検査として胸部のX線は撮ると思うけど，デジタルで撮ったものなら医療用画像ソフトなどで気管径の実寸を測れます。

気管チューブの袋に径が表示されてるので参考にしよう。

 太すぎるとともとも入らんし，入っても気道内を傷つけるし，

無理ぃ…

 細

逆に細すぎるとスカスカでガスリークしちゃう。

スカスカ

ピッタリな本命サイズを探しましょう。

 こんくらい。

エマなんかの緊急時はX線撮てる暇はないので，外から気管を触ってサイズを決めることもあるよ。

ベテランになると犬種と体重でサイズが当てられる人もいます…。

入院中でエマリそうなら，事前にサイズ調べとくと良いよ。

👑
6.5　7.0　7.5

さて，本命サイズを決めたら，その1サイズ前後も用意しましょう。

たとえば7.0が本命なら，6.5と7.5も用意

なんでか，ってゆーと，実寸でちゃんと測っても「あれ？実際に入れてみるとサイズ合わんど？」てことが現場では起こるから。

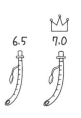

 ガビーン　まずい入らん！　O₂

誰か！小さいサイズ！たすけて！

気管チューブ入れるのって大抵呼吸抑制かかってるから，そこから慌てて1サイズ違いを用意してると，低酸素血症になるリスクが高くなります。

酸素化をしておくことでリスクを減らせます。後述するよ。

これは最悪な例です
こうならないように準備はしっかりね。

気管チューブを用意したら、

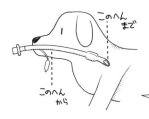

このへん
まで

このへん
から

袋に入った状態で動物の上から当てて、
口腔内から始まって肩甲骨頭側くらいに気管チューブの
先端がくるように入れる長さの目安を決めます。

これは わかりやすいように裸で描いてるけど、
本当は袋から出さないでね。

目安を決めたら、袋の先をちょっとだけ開けて、

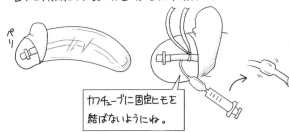

ペリ

目安の位置に固定ヒモを結んどくのと、
カフとバルーンの膨らみが
正常か確認します。

カフチューブに固定ヒモを
結ばないようにね。

確認したら 空気を抜いて
元に戻します。

◆ 挿管をする前に その2 ◆ ─〈酸素化をしっかりしよう！〉

さっきも描いたけど、挿管前って大抵、呼吸抑制かかってるので、
呼吸はめちゃくちゃ弱いか、ほぼ止まってることもあります。

ゼ三
ゼ三

ムニー

O2

すぐ挿管して酸素を送りこむのがベストだけど、
もたもたしてるとちょっとのロスで低酸素血症へのリスクが高まります…。

それを防ぐのが 麻酔前の酸素化 です。

麻酔器につないだマスクから酸素をかがせるわけだけど、─〈3〜5分かがせよう。〉

こういうゴムがついてて
鼻先にフィットするものを使ってね。

密着させないと
酸素がリークしちゃうしね。

きゅぽ

短頭種は位置的に目を
傷つけるかもしれないので、
管を鼻先に近づけて 対応。

〈 マスクも管も 嫌がる場合 の裏ワザ ♥ 〉

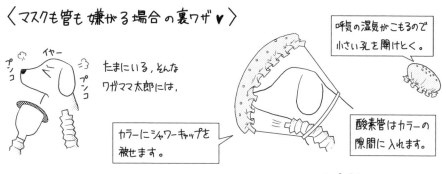

プンコ
イヤー
プンコ

たまにいる、そんな
ワガママ太郎には、

カラーにシャワーキャップを
被せます。

呼気の湿気がこもるので
小さい孔を開けとく。

酸素管はカラーの
隙間に入れます。

これで凌ぎましょう。

◆ それじゃあ 入れましょ ◆ 注射麻酔薬入れといてね。

1. チューブを袋から出して、

先端に潤滑用の
ゼリーを塗ります。

これ、リドカインゼリーが身近にあって手軽だから
使う人も多いんだけど、わざわざ局麻をかける
ようなとこじゃないし（意識ほぼないし）、
リドカインによる咳の副作用もヒトではあるので、
K-Yゼリーとかで良いと思うよ。

2. 挿管しやすい体位に動物を保定します。

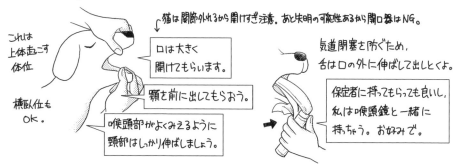

これは
上体起こす
体位

横臥位も
OK。

猫は関節外れるから開けすぎ注意。あと失明の可能性あるから開口器はNG。

口は大きく
開けてもらいます。

顎を前に出してもらおう。

喉頭部がよくみえるように
頸部はしっかり伸ばしましょう。

気道閉塞を防ぐため、
舌は口の外に伸ばして出しとくよ。

保定者に持ってもらっても良いし、
私は喉頭鏡と一緒に
持っちゃう。おこのみで。

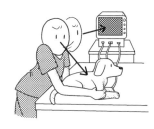

あと、挿管の刺激で心拍数や血圧なんかが
大きく変わることがあるので、保定者は動物の様子と
モニターの数値も気にしてあげてね。

挿管者はみてる余裕あんまないの…。ごめんね。

101

3.

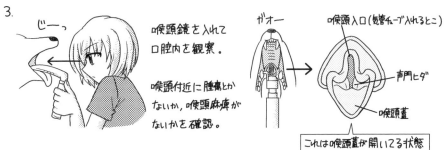

喉頭鏡を入れて
口腔内を観察。

喉頭付近に腫瘍とか
ないか、喉頭麻痺が
ないかを確認。

ガオー

喉頭入口(気管チューブ入れるとこ)

声門ヒダ

喉頭蓋

これは喉頭蓋が開いてる状態

前述した通り、喉頭鏡のブレードは2種類あって、

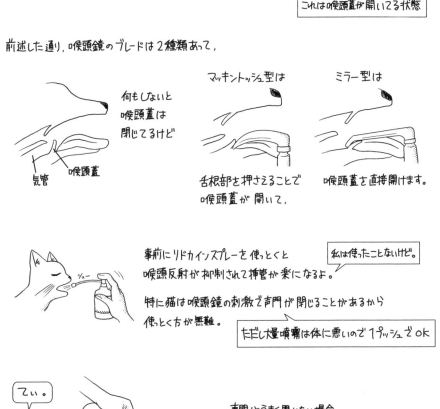

何もしないと
喉頭蓋は
閉じてるけど

気管　喉頭蓋

マッキントッシュ型は

舌根部を押さえることで
喉頭蓋が開いて、

ミラー型は

喉頭蓋を直接開けます。

事前にリドカインスプレーを使っとくと
喉頭反射が抑制されて挿管が楽になるよ。

私は使ったことないけど。

特に猫は喉頭鏡の刺激で声門が閉じることがあるから
使っとく方が無難。

ただし大量噴霧は体に悪いので1プッシュでOK

てぃ。

みえたー。

ぐっ

声門がうまく開かない場合、
保定者が両側から胸部を軽く圧迫すると
パカっと開くことがあるので、
上手く連携プレーしてね。

4.

しっかり目視しながら 気管チューブを声門内に入れます。

チューブの端を持って弯曲させながら

食道への誤挿管を防止！

無理にこじ入れるのは避けようね。
気管内傷つくし, 最悪気管に穴開けて縦隔洞気腫 起こすよ…。

特に猫で注意

スタイレット使っても良いんだけど, チューブから出ないように注意。 気管傷つくよー。

この先端にキシロカインゼリーを塗っておいて
挿管時に喉頭に塗って反射を抑えられるよ。

ただし, 裏テクとして, 猫では

数mm出しておいて

←スッ…

ガイドにして挿管後,
チューブだけを押し入れることも可能

留置針の外筒を
押し進めるイメージ

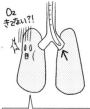

O₂ きでない?!

放置すると肺虚脱起こすので…

入らないのも困るけど, 入りすぎて片方の気管支に入る
「片肺挿管」ってのもあります。

「マーフィー孔」っていう横穴がある
気管チューブだと, ある程度防げます。

マーフィー孔

挿管したら

バギングしてもらって片方ずつ肺を聴診。
両方から肺音が聴こえればOK。

以上が確認できたら, チューブを固定しましょう。

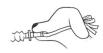

結んでおいた固定ヒモを
後頭部とかで 蝶結で。

大型犬だと
マズルで結ぶと楽。

〈挿管時に注意しときたいトコ〉

ふつう，麻酔導入前って絶食指示が出るんだけど，

異物とかで胃に液体貯留がある場合，
導入時に逆流して気管に入ることがあります。← 誤嚥性肺炎のもと

液体貯留の有無は
術前検査でわかるよ！

予防策として，

上体を起こして
挿管したり，

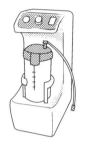

事前にサクションを
準備しておいて備えましょう。

◆ しっかり入ってる？ ◆

目安の位置まで入れたら，空シリンジでバルーンを膨らまします。

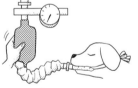

膨らましすぎると末端のカフで気管内が傷つきます。
耳たぶくらいの弾力って私は教わったよ。

麻酔器につないで，バギングしてみて，

呼気の湿気でチューブ内が曇れば
気管内に入ってます。 やったね！

麻酔のモレてる臭いや
音の異常もついでに確認

HR	120
SpO₂	95
EtCO₂	35

モニターはSpO₂やEtCO₂を確認。

気道内入ってない → 食道誤挿管！ なので，すぐに抜管して入れ直してね！

このあたりは第10章で
細かく描いてます。

◆ うーん, これ挿管困難かもよ？ ◆

↑
開口困難

これは
ムリかな…。

開口困難とか, 気道内に腫瘍があるとか
何らかの理由で気管挿管できないこともあります。

それでも麻酔をかけなきゃ
いけないこってあるので…。

対応策として,

① ラリンジアルマスク
② 気管切開   …があります。

> 挿管困難ってのは麻酔前検査の一環の
> X線や身体検査でわかることが多いよ。
> いざってときに慌てないように, 挿管が
> できなかったときの準備はしといてね。

〈ラリンジアルマスク〉

アコマ医科工業 (株) さんから V-gel® という猫・ウサギ用のラリンジアルマスクが
販売してたんだけど, 2019年に販売中止しています。

> 唯一の動物専用ラリンジアルマスクが V-gel® だったので, とても残念…。
> 犬とヒト用を使用して問題なかったって報告もあるので紹介します。

動物用に口腔内の
構造に合って作られた
良いものだったんだけどね。

ラリンジアルマスクって こんな感じ。

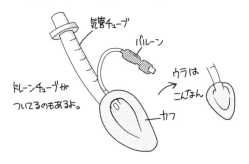

気管チューブ

バルーン

ドレーンチューブが
ついてるのもあるよ。

ウラは
こんなん

カフ

気管挿管による弊害 (食道誤挿管とか
気管内損傷とか) がないし,
入れるのも簡単で速いのが利点。

今後 普及してくのかなぁ…。

サイズも色々あるよ。体格に合わせて選んでね。

使い方を紹介するどい。

1.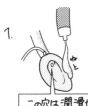
カフ部分に
潤滑ゼリーを塗って，

この穴は潤滑ゼリーで
塞がないように注意。

2.
助手に口を
開けてもらいます。

体位は気管挿管と同じ。

3.
穴の開いてる方を腹側にして
口腔内に入れて，
抵抗のあったところでストップ。

こんな感じで入ります。

食道

食道も同時に
塞いでます。

気管

4.
あとは気管挿管と同じ。

バルーンからカフを膨らませて
ヒモで固定してね。

喉頭鏡も必要なくて入れるのは
楽なんだけど，この特徴があるので，

・消化管内視鏡
・胃の内容物が多い緊急手術

では，使用はNG です。

〈気管切開〉 ─ 気道確保の最後の砦です。

あくまで一時的なものなので，長期間の留置には向きません。 ─ せいぜい48～72時間くらい

長期の場合，永久気管瘻ってのがあるけど，
管理めっちゃ大変なのよな…。

気管切開用   ふつうの

あと，一般的な気管チューブじゃなくて，
気管切開チューブっていう短いのを使います。

106

1.
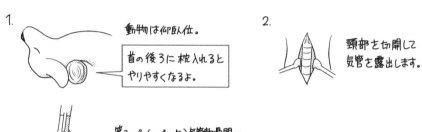
動物は仰臥位。

首の後ろに枕入れると
やりやすくなるよ。

2.
頸部を切開して
気管を露出します。

3.
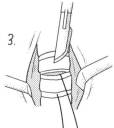
第3～4(or 4～5)気管軟骨間の
輪状靭帯を横に切開して、
尾側の気管軟骨に支持糸を
かけます。

血液とかのサクションは
適宜行ってね。

4.
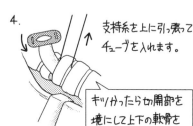
支持糸を上に引っ張って
チューブを入れます。

キツかったら切開部を
境にして上下の軟骨を
楕円状に切除してOK。

5.
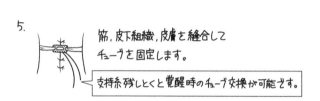
筋、皮下組織、皮膚を縫合して
チューブを固定します。

支持糸残しとくと覚醒時のチューブ交換が可能です。

抜去するときは閉塞試験をやっとくと確実です。

チューブの穴を塞いで閉塞させても
チューブ周辺部を介して呼吸できてるか
確認しましょう。

サヨナラ～
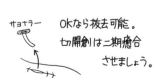
OKなら抜去可能。
切開創は二期癒合
させましょう。

短期間留置する場合は、「乾燥」と「分泌物」が大敵。

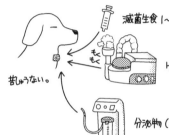
滅菌生食 1～3mL の気道内滴下 (4～6時間ごと)

または
ケージ内でのネブライジング (吸気の加湿)

結構 管理が
大変なのよ～。

苦しゅうない。

分泌物 (痰とか) が過剰なら導尿用カテーテルでサクション

犬は友達。

もう疲れたよぉ
パトラッシュぅぅ

9.

縫　合

◆ 良い縫合糸の条件って, なんじゃらほい ◆

たとえば

・柔軟性がある。
・引っぱっても切れにくい。

抗張性って呼ぶよ。

・組織修復後の
　速やかな吸収

・生体への侵襲性が少ない。
・異物反応が出にくい。

which?

こうした特徴が全部あれば理想的だけど, 残念なことに
そんな都合の良い縫合糸はないのです…(´・ω・`)しょぼん
なので状況に合わせて1番良い縫合糸と選択します。

◆ 縫合糸の分類と特徴 ◆

〈 天然 vs. 合成 〉

絹糸とスチールが現在使われてる
天然モノの縫合糸

余談だけど
昔は牛や豚の腸で作った「獣腸線(カットグット)」
てのもあったらしいんだけど, 抗張力や吸収性に
バラつきがあったらしく, 今は使われてません。

「天然モノ」って何だか体に良さそう？

BSE問題もあったしね。 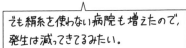 モー

ところが どっこい

特に絹糸は抗原認識されるがゆえに,
異物反応を起こしやすい糸だったりします…。
獣医業界における最たる例が「縫合糸関連性肉芽腫」です。

でも絹糸を使わない病院も増えたので,
発生は減ってきてるみたい。

ポリグリコール酸

そういった天然モノの欠点を補うために
合成縫合糸が作られました。 でも異物反応でることもあるよー。

〈吸収 vs. 非吸収〉

吸収系は体内で分解されて,一定期間で抗張力が
失われる糸のこと。

皮下組織, 腹腔内臓器,
血管結紮なんかに使うよ。

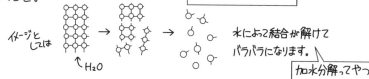

イメージと
しては

↑ H_2O

水によって結合が解けて
バラバラになります。

加水分解ってやつ

非吸収系は分解されないんだけど,
その分, 保持力が長期間持続可能です。 ← 皮膚, 骨, 血管吻合なんかに使うよ。

〈モノ vs. マルチ〉

シンプル!

モノフィラメント

単一の糸からできてるシンプルな縫合糸

9

縫
合

・侵襲性が低い。
・感染生じにくい。
・異物反応でにくい。

お？良いにとづくしじゃん♪

…と思うんだけど, 欠点もあるよ。

・柔軟性が弱い。
・結び目が大きいから結紮が緩みやすい。

- -

ツイスト

ふくざつ!

ブレイド

マルチフィラメントは複数の糸でできてて,
編み方で名称が変わります。

利点は,

・柔軟性がある。
・結紮がしっかりできる。

もちろん欠点もあって,

・侵襲性が強い。
・編み目が細菌繁殖の温床になりやすい。

なので,糸をコーティングしてるのもあるんだけど,
その分 結紮力は落ちちゃうんだなー。

どれを選べば
良いの?!

こうして見ると,縫合糸って本当に一長一短で
完璧なものってないよね…。

きたみ は こんらん した

最適解を選ぼうねー。

111

〈太さ〉

「USP規格」ってのが一般的に使われてます。

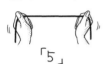
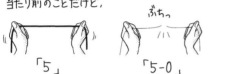

細い …← 2-0 ← 1-0 ← 0 → 1 → 2 → 3 → … 太い

「X-0」の「-」は
マイナスってことらしいよ。

0を基準に「X」か「X-0」で表します。
「X」は大きくなるほど太く、「X-0」は大きくなるほど細い。

6-0は
髪の毛くらいの太さ

当たり前のことだけど、

ぶちっ

「5」　　　　「5-0」

細いほど抗張力は弱く、切れやすくなります。
番号が1つ違うだけで約1.5倍違います。

◆ 縫合針の分類と特徴 ◆ <次は針の話！

〈円周〉

基本的には弯曲針を使います。 <まっすぐな直針もあるけど、ほぼ使わないんじゃないかな?

① 1/4針 ：眼科やマイクロサージェリー etc.
（弱弱弯）

組織が薄いほど弯曲の弱い方が
操作しやすくなるそうです。

② 3/8針 ：皮膚、皮下織、血管吻合 etc.
（弱弯）

③ 1/2針 ：消化管、筋、実質臓器 etc. <これが使用頻度1番多そう。
（強弯）

④ 5/8針 ：骨盤腔内、胸腔内 etc.
（強強弯）

チンアナゴ

〈針先〉

よく使われてるのは丸針と逆三角針です。 ほかにも角針やヘラ型針ってのもあるよ。

▶ 丸針

正面図

・組織侵襲が少ない！
皮下織, 筋, 消化管, 実質臓器 etc に使用

▶ 逆三角針

正面図

・強度がある！
・皮膚 etc に使用

やさしい！
鈍針 肝などの柔らかい臓器には
鈍針を使ったりもするよ。

〈スウェッジ〉 糸と針の接合部のこと

 自分で糸を付けるタイプと,

弾機孔針

すでに付いてるタイプがあります。

合着型針

再利用可なのでコスパは良いけど,
どうしても糸が二重になるので, 侵襲高め。
貫通させると「ガッ」て引っかかるイメージ。

現在出回ってるほとんどの縫合糸は針付きタイプ。
糸が埋めこまれてるから侵襲は少ないけど,
ディスポなのでコスパは悪め。

…というわけで, あんま使わないかもしれないけど,
弾機孔針に縫合糸を付けるどぃ！ 私も学生実習でやたきりだなー…。

1.
持針器で
針をしっかり持ちます。

2.
3cmくらい
縫合糸と持針器に沿わせて,
指で押さえます。

3.
孔に糸を押し込んで
通したら,

ぐい, と押します。

4.

糸を針先側へ
引っぱります。

おわり

◆ 持針器 ◆  把針器とも呼ぶよ。

大きく分けて、マチュー型 と ヘガール型

多分よく使われてるのはこっち。

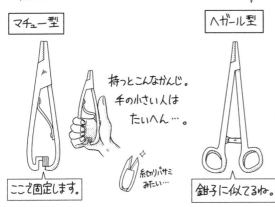

マチュー型

持つとこんなかんじ。
手の小さい人は
たいへん…。

糸切りバサミ
みたい…

ここで固定します。

ヘガール型

鉗子に似てるね。

持ち方は2種類
① Finger grip法　　指を通す方法

② Palm grip法　　指を通さない方法

②の方が持針器を動かしやすくて
正確な運針ができるので推奨されてるらしい。

〈運針してみよう〉

1. 針を持つ位置は、

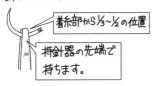

着糸部から⅓〜½の位置

持針器の先端で
持ちます。

2. 組織に垂直に刺して、弯曲に沿って進めます。

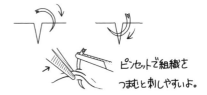

ピンセットで組織を
つまむと刺しやすいよ。

3. 組織に垂直に抜針したら、

ぱしっ

逆三角針とかは針先持つと
つぶれちゃうよ…。

なるべく針先から遠いところを
ピンセット(or 持針器)で持って抜きます。

埋没しそうなら周で1回抜こう。

バキィッ

OH…

あと針の同じ部分を何度も持ってると
折れやすくなるから注意だぞ。

ガーン

ゴリラめ…

ポツ

※単純な握力で
針が折れることはありません。

114

◆ 結び方いろいろ ◆

「手結び」と「器械結び」があるよ。

〈 両手 de 男結び 〉

1. 左右の手でそれぞれ持ったら,

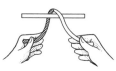

ループ

右側の糸を左側のループ内に通して結びます。(第1結紮)

> ねじれないようにね。

2. 同様に,

右側の糸を左側のループ内に通して
結びます。(第2結紮)

> ふつうは第2でおわり！

女結びってのは第1・2結紮が同じ向きで,
緩みやすいので使われません。

> 「男」「女」って名称は
> 帯の結び方からきてるらしいよ。

女結び(貝の口)

9

縫合

〈 両手 de 外科結び 〉

1. 左右の手でそれぞれ持ったら,

> 2回くるっとします。

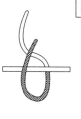

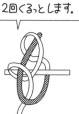

右側の糸を左側のループ内に2回通して結びます。(第1結紮)

2. 同様に,

> 1回だけのこともあるよ。

右側の糸を左側のループ内に
2回通して結びます。(第2結紮)

> 結び目が広いぶん、第1と第2の間に
> 隙間が出やすいので、第3を追加する
> こともあるよ。

〈片手 de 男結び〉

1.

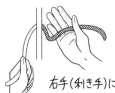

右手(利き手)に糸をかけて,

2.

右手の中指に
左の糸を引っかけます。

3.

中指の第1関節を曲げて
左の糸を引っかけたら,

中指の爪先に
右の糸を引っかけて,

そのまま中指を
起こしたら,

引っかけてた糸を
ループ内に入れて結紮

4.

同様に右手に糸をかけて,

中指に左の糸を引っかけて,

同様に糸を通して結紮

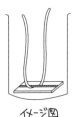

イメージ図

片手結びは胸腔内とかの狭くて深い, 片手くらいしか
動かせないようなとこで 使用できます。

ただし, 両手結びの方が 結紮は確実です。

> 使う頻度は
> 少なめ…。

〈器械結び〉 持針器やピンセットを使う方法

1番よく使うのがこれ。
狭いとこでも正確に結べます。

1.
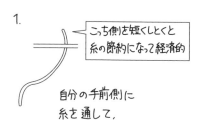

こっち側を短くしとくと
糸の節約になって経済的

自分の手前側に
糸を通して,

2.
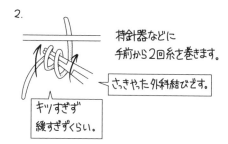

持針器などに
手前から2回糸を巻きます。

さっきやった外科結びです。

キツすぎず
緩すぎずくらい。

3.
ぱしっ

反対側に残しといた
糸をつかんで,

4.
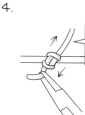

手前の糸は反対に向けて引くと
結び目がねじれないよ。

ループに糸を通して
結紮します。(第1結紮)

9

縫合

5.

反対側の糸を奥側から
1回巻きつけて,

6.

3.と同様に
反対側に残しといた
糸をつかんで,

こっちは男結び

7.
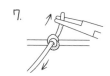

ループに糸を通して
ねじれないように結紮します。
(第2結紮)

8.

手前の糸を1回巻きつけて
同様に結紮します。
(第3結紮)

おわり!

ドヤァ

ごちゃ　⊥　　⊥

それ
やり直しね。

ちなみに,結び目を増やしても
強度が増すわけじゃありません。

ぶっちゃけ,塊になるだけ。

ただしモノフィラメントは結紮が少ないと
解けやすくなるので注意。

加減は
適度にね。

117

◆ 縫合法もいろいろ ◆

大きく分けると、「結節縫合」と「連続縫合」

〈結節縫合〉

1ヵ所ずつ留めるから手間はかかるけど、部分抜糸できるし、
万が一、糸が1ヵ所切れても完全離開しない安全仕様 ✚

▶ 単純結節縫合

> 最も一般的なんじゃないかな？
> 皮膚、皮下織、腹壁にも使えます。

▶ 水平マットレス縫合

> テンション高めで層があまり深くない場合。
> 創の表面の密着性は低め。

▶ 垂直マットレス縫合

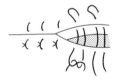

> テンション高めで層が深い場合。
> 創面の密着性が高い。

〈連続縫合〉

1本の縫合糸を切らずに縫う方法。慣れると速いけど1ヵ所でも糸が切れたら離開しちゃう。
つまり部分抜糸もムリなので、感染部位には使えないよ。

▶ 単純連続縫合 ← 腹壁や皮下織の閉鎖によく使うよ。

開始点で1ヵ所結紮して、

糸は切らずに
連続してバシバシ
縫います。

縫い終わったら、最後のループと
結紮を作って、おわり！

▶連続かがり縫合 < 創に対して直角に縫うので密着性は高くなります。
糸も緩みにくいけど抜糸は時間かかっちゃう。

開始点で結紮して，

1糸ごとに糸を
ループにくぐらせて，

糸をロックするイメージで
連続して縫います。

> 右利きの人は左から始めると
縫合しやすいよ。

最後のループと
結紮しておわり！

◆ 皮膚縫合 の ポイント ◆　　　ステープラーでがっちゃんやるとこもあるよね。楽ちん。

基本的には単純結紮でバシバシ縫うんだけど，

① 二等分の原則 < 皮膚のみでなく ほかの縫合でも！

まず創の中央を縫合して　　両端と中央の真ん中を結紮　　…という感じで二等分になるように
結紮していきます。

何でこういうやり方をするのかってゆーと，「dog ear」を防止するため。

端からそのまま
縫合すると，
→

ありゃ？皮膚が盛り上がっちゃった…。

これを dog ear と呼びます。
皮膚がキレイに縫えなくなるよ。

② 結び目を切開線上に作らない。

NG

結び目が切開線に当たると，出血や組織障害，感染etc の
原因になるから。

切開線上から少しズラすと
キレイに縫合できるよ。

9
縫合

③ 締めすぎない

モスキート鉗子が1本入るくらいの
緩さがベストです。

やぁ。

めりめり

隙間がないと毛細血管が
圧迫されて皮膚が壊死るし,
術後に浮腫ったときに
糸で皮膚切れるよ…。

◆ 抜糸も忘れずにね ◆

ピンセットとかで糸をつまんで

片側を鋏で切ります。

あ。

両側とも切らないでね。
糸が埋没しちゃう。

切った糸は.

術創側に引っぱって
抜きます。

NG

反対に引っぱると
創が離開する力がかかるのでNG.

〈うちステープラーなんだけど…〉

抜鉤器を使うよ!

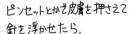
先端はこんなかんじ。

変な方向に曲げると
皮膚に余計めりこむので注意

抜糸後に消毒する場合,
アルコールは傷口がしみるので
ヒビテンとか使ってあげてね。

ピンセットとかで皮膚を押さえて
針を浮かせたら,

抜鉤器を
差し込んで,

がぶっ

抜けると
こんなん。

真ん中を押し込むと
自然に抜けます。

以下おまけでーす。

◆ チャイニーズ・フィンガー・トラップ ◆

尿カテを留置するときなんかに使う縫合法。
バルーンカテじゃなくて栄養チューブとかをカテとして使った場合に。

チャイナ
クマー。

1.

カテーテルを入れたら
皮膚に1針通して

針を取って、
外科結び。

2.

カテーテルの後ろで
糸を交差させて、

← 男結び。

3.

同様に 4〜5回
糸を交差→男結びをして、
余った糸を切ります。

おわり!

もとは下みたいな
引っぱっても抜けないおもちゃ

抜けない…。

◆ 腸管の端々吻合 ◆ ← キレイに縫い合わせるコツ!

1. 登頂部と底部にそれぞれ糸をかけて、

縫合したら、

2. 針側でない方の糸を引っぱって
腸管の径を合わせます。

径差1.5倍くらいなら
スムースに縫えます。

3. 助手に糸を引っぱってもらって
内周・外周を連続縫合
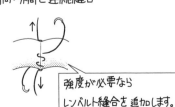
強度が必要なら
レンベルト縫合を追加します。

4. 最後に支持糸と結紮して、

おわり!

猫も友達。

10.
麻酔モニターの
みかた

◆ まずはモニターを接続しよう ◆

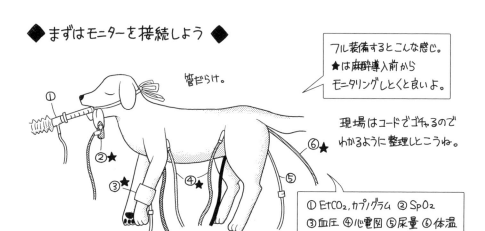

管だらけ。

フル装備するとこんな感じ。
★は麻酔導入前から
モニタリングしとくと良いよ。

現場はコードでゴチャるので
わかるように整理しとこうね。

① EtCO₂, カプノグラム ② SpO₂
③血圧 ④心電図 ⑤尿量 ⑥体温

〈① EtCO₂, カプノグラム 〉

気管チューブと麻酔器の蛇管との間にカプノメーターを接続します。

サンプルラインはアダプタとの接続部で
破損しやすいので補強してあげてね。 うちはヴェトラップ® 巻いてた。

これにより,

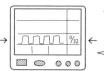

モニターにカプノグラムとEtCO₂の値が表示されます。

なお, カプノグラムはモニターの電源入れて1〜2分は
ガス校正で使えません。急いでるときは注意。

カプノメーターって気管チューブに接続するから麻酔後に使うことが多いけど,

そんなときに故障に気づくのは
嫌すぎるので,

事前に自分で息を吹きこんで,
正常に動くか確認しとくこと。

ちなみに

バルブ

吸気圧計

麻酔器にはポップオフバルブと吸気圧計があるけど,

O₂ 吸入始まったら「Close」から「Open (or ¥Open)」に必ずすること。
吸気圧は 20 cmH₂O を超えないようにすること。

どっちも肺破裂しかねません…

パーン

キャー

〈② SpO_2〉 脈拍も測れます。

測る場所は

基本的には
舌です。

あとは

耳とか

肉球とか

口腔内処置時は
舌以外を使うのがベター

陰部でも OK

舌の場合

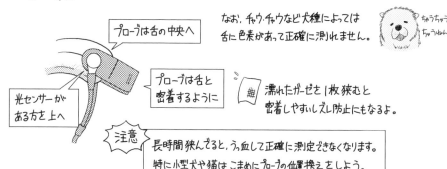

プローブは舌の中央へ

光センサーが
ある方を上へ

プローブは舌と
密着するように

なお、チャウ・チャウなど犬種によっては
舌に色素があって正確に測れません。

ちゃうちゃう
ちゃうゆん

濡れたガーゼを1枚挟むと
密着しやすいしズレ防止にもなるよ。

注意 長時間挟んでると、うっ血して正確に測定できなくなります。
特に小型犬や猫はこまめにプローブの位置換えをしよう。

〈③ 血圧〉

カフを巻ける場所は

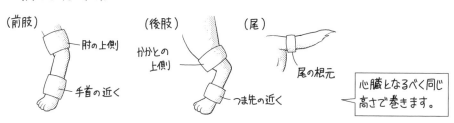

（前肢）

肘の上側

手首の近く

（後肢）

かかとの
上側

つま先の近く

（尾）

尾の根元

心臓となるべく同じ
高さで巻きます。

カフのサイズは色々あるけど、

バッバッテープ

カフ幅

カフの端

カフを巻いたときにカフの端がインデックスライン（←→）内に
収まる大きさがベストサイズ

カフは点線部が動脈にあたるように巻きます。
キツすぎず緩すぎず。

ただしモフモフしてたり超小型な場合は
少しキツめに巻いておく方がうまく測れるよ。

〈④心電図〉  Ⅱ誘導でとりましょう

肉球に
貼るタイプと

直接皮膚に
狭むタイプ

両方とも電極コードに色がついてます。
間違えないようにねー。

あか　き
秋○久美子で
覚えました(笑)
くろ　みどり

狭んだ後はアルコールで湿らせます。

これはディスポなんだけど、
使い回すことも多いと思うので…

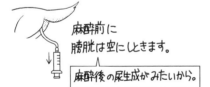
間にアル綿を
狭んだり、

くるくる
サージで巻いて
固定したり。

こうすることで
弱った 導電性や粘着力を
サポートできます。

〈⑤尿量〉 尿カテの入れ方は前巻をみてね。

 腎臓の循環がきちんとできてるかの指標になります。

下準備として、

麻酔前に
膀胱は空にしときます。

麻酔後の尿生成がみたいから。

あとは定期的(1時間に1回くらい)に確認。
1〜2 mL/kg/時 で正常だよ。

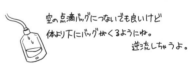
空の点滴バッグにつないでも良いけど
体より下にバッグがくるようにね。
逆流しちゃうよ。

〈⑥体温〉

まずは麻酔前の体温を
測っておきます。

麻酔をかけると体温が下がることが多いので
ベース状態を知っておこう。

モニターに体温プローブがあれば
直腸に入れておくと定期的に測ってくれます。

内視鏡とかじゃなければ
食道に入れても OK.

もちろん、手動で
定期的に測ってもOKです。

ぷす
えい

126

◆ 機械だけに頼んないでね ◆

五感を使ったモニタリングの併用で異常に素速く気づけます。

〈聴覚〉

心音や
呼吸音の聴診

む？

ピッピッピッピッ

心拍数の変化で
音の高低も変わります。

モニター音も。

SpO₂で脈拍測定に
設定してても同様

〈触覚〉

股脈　　　眼瞼反射

麻酔で寝てるけど
反応あります。

あとは
体温とか筋硬直とか。

〈視覚〉

可視粘膜の色調や
CRT

前巻でも描きましたね。

連動

胸郭と呼吸バッグの動き

〈嗅覚〉

モレ
てる?!

気化器からの吸入麻酔リーク

◆ モニター項目のみかた ◆

〈 記録をとろう 〉

以下に挙げる項目は麻酔記録として5分おきに記録します。
経時的変化をみることで異常値が出ても対応しやすくなるよ。

投薬や体位変換も
余白に記入します。

心拍数や血圧は
グラフにしよう。

以下，異常値の対処法を書いてるけど
すべての症例に対応してるわけじゃないので注意

〈 心電図・心拍数 〉

心電図でみたいのは異常波形。

も 波形が小さかったら　拡大表示でみやすくします。

↓　　　　　↓

心静止とか　心室期外収縮とか　房室ブロックとか

異常波形，ってのは前巻でも描いた心静止や，
ブロックや期外収縮などの不整脈のこと。

こんなかんじ。

あと，心電図はただの心臓の電気信号の波形化で，
心拍出ではないので注意してね。

心拍数は麻酔前に測ったものをベースにして，

体の大きさで違ってくるけど，正常値は
犬：70～140回/分，猫：100～200回/分　参考までに。

HR 180 ▲ UP
急に上昇してきたら
痛いのかなって判断できるし，
麻酔深度上げたり鎮痛薬を投与

HR 70 DOWN ▼
逆に下がってきたら
麻酔が深いのかな，とか。
アトロピンなどを投与

〈 SpO₂ 〉

正常値は95～100

値が低かったらプローブ付け直して改善することもあるけど
それでもダメなら危険なので麻酔中止します。

SpO₂ 97
PR 120

モニターに一緒に出てる「PR」は脈拍数。
なので，心拍数と少しズレることもあるよ。

一緒に出てる波形は脈波（プレチスモグラフ）といって，
心電図のQRS波の少し後に表示されるのを確認。

なんでかってゆーと，QRS波（心臓の電的変化）によって
心拍出が発生してるから。

〈呼吸数・EtCO₂〉 特にEtCO₂は麻酔トラブルのときに
1番に反応が出てくる項目です。

圧は20↓をキープ

動物の大きさにあわせて
バッグのサイズを変えよう。

呼吸数はバギングでもレスピレーターでも
8〜12回/分を目安にします。

CO_2
33

EtCO₂は30〜40 mmHgくらいで正常。
呼気中のCO₂分圧を測定してます。

体内でガス交換が
しっかりできてるかってこと。

(異常値だよね, これ…?)

?

▶ EtCO₂が高い … 低換気かも？ 〉呼吸回数を
▶ EtCO₂が低い … 過換気かも？ 〉調節してみよう。
▶ そもそも上がってこない … 食道誤挿管？

すぐに確認して
必要なら再挿管！！

〈カプノグラム〉 異常波形がないかチェック

正常なら,

① 呼気開始点　② 解剖的死腔の呼気
③ 肺胞からの呼気　④ 呼気終点
⑤ 吸気の流入

0 mmHg

この波形を
規則的に繰り返します。

ベースラインは 0 mmHg

異常だと … 詳しくは成書でね。

気道回路が外れてる。
(突然 0 mmHgになる)

食道誤挿管
(カプノグラムが出ない)

→ 呼気ガスの再吸入
(ベースラインが高い)

気管チューブの折れ・潰れ
(②がほとんどみられない)

自発呼吸
(浅速だとわかりやすい)

頸部を大きく屈曲させる処置で起こりやすい。 眼科とか
CSF採取とか
スパイラル式の気管チューブで回避できるよ。

あきょ

ふつうのは
曲げると
凹むけど,

スパイラルは
蛇腹なので

曲げても折れにくい！

〈血圧〉

135 / 82
(100)

①　②　④
③

ふつうなら、
① 収縮期血圧：100〜160 mmHg
② 拡張期血圧：70〜90 mmHg
③ 平均血圧 (MAP)：80〜110 mmHg
④ 測れるなら波形もチェック。山型なら正常に測れてる指標です。

オシロメトリック法はMAPから
収縮・拡張期を出すので、
MAPが特に大事！

振動や体動があると 🗻 もう1山できちゃうので、測り直し‼ 🗻

ここで注意するのが **低血圧** です。← 特にMAPで60↓、収縮期で80↓

ほかの臓器への血液供給がうまくいってないってことなので
早急に対処してください‼　エマっちゃうよ‼

以下の1〜3の順に
試してみてね。

▶ 対策1：輸液量の増加

状況をみながら
〜10 mL/kg/時まで
増量したり、

乳酸リンゲルとかの晶質液を
10〜20 mL/kg、IV で
ボーラス投与します。

ちゅ↑

▶ 対策2：麻酔深度を下げよう

ただし麻酔深度下げることで
醒めやすくなるから気をつけてね。

気化器のダイヤルを調節して、吸入麻酔濃度を下げます。

▶ 対策3：昇圧薬の投与

シリンジポンプを使おう。

主に使うのはドパミン。状況に応じて1〜10 μg/kg/分でCRI（持続点滴）
単位がややこしいので簡略化するのがコツ。

ex) 50 mL中 150 mg ドパミン入りのアンプル（つまり1 mL中 3,000 μg）を使って、5 μg/kg/分で流したい。

シリポンは「mL/時」表示なので「5 mL/時」に変換していこう。

5 μg/kg/分 = 5 mL/時 にしたいので、
300 μg/kg/時 = 5 mL/時
0.1 mL/kg/時 = 5 mL/時

よって 0.1 mL × 体重 (kg) を吸って 5 mL/時で流せば
5 μg/kg/分 と同じです。

容量によっては生食で
メスアップしてね。

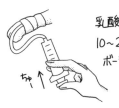

〈体温〉  前述したけど麻酔中は体温が下がります。

なんで低体温がダメなのかってゆーと, 体に色んな悪影響が出やすいから。

血管は低温刺激があると

37℃
ふつうの太さ

→ 熱を逃さないよう縮んで細くなります。

35℃
しゅるっ

寒い日に肌が青白く
みえるのはこの原理。

暑いと拡張して
肌が紅潮するよね。

末梢の血管が収縮するってことは,

ガーーーン

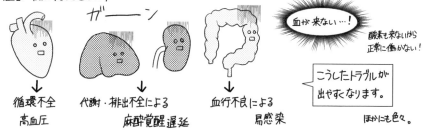

↓
循環不全
高血圧

↓
代謝・排出不全による
麻酔覚醒遅延

↓
血行不良による
易感染

血が来ない…!

酸素も来ないから
正常に働かない!

こうしたトラブルが
出やすくなります。

ほかにも色々。

じゃあ, 温めてあげれば良いんじゃない? 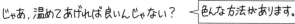 色んな方法があります。

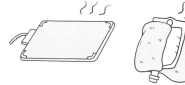

手軽な方法だと, 動物の下に
電気加温マット置いたり,
温めた輸液バッグ使ったり。

ただし低温ヤケド注意。タオルとか併用しよう。

 この上に動物を乗せる。

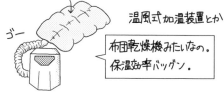
ゴー

温風式加温装置とか

布団乾燥機みたいなの。
保温効率バツグン。

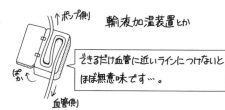
↑ポンプ側

輸液加温装置とか

血管側

できるだけ血管に近いラインにつけないと
ほぼ無意味です…。

〈吸入麻酔濃度 (吸気/呼気)〉

ISO	
In	Ex
1.6	1.3

Inは吸気として体内へ入る麻酔濃度, Exは呼気として出ていく麻酔濃度。

気化器のダイヤル回してんのにInが上がってこないのは,
故障やガスリークを疑います。

あれー?

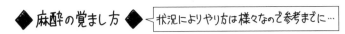

◆ 麻酔の覚まし方 ◆ ＜状況によりやり方は様々なので参考までに…

1. オペや検査が終わりそうなら,

OFF

気化器のダイヤルを回して
徐々に麻酔を切ります。

2.
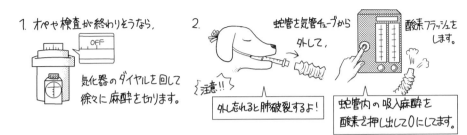

蛇管と気管チューブから
外して,

酸素フラッシュを
します。

｛注意!!｝
外し忘れると肺破裂するよ!

蛇管内の吸入麻酔を
酸素で押し出して0にします。

3. 麻酔覚醒の兆候がみられはじめたら…(心拍数↑や自発呼吸)

蛇管を外してみて,
ルームエアでの呼吸をみます。
きゅぽ

もうちょい…↓

SpO₂下がってくるなら,また蛇管から
酸素を供給して,再チャレンジ

なお,自発呼吸は

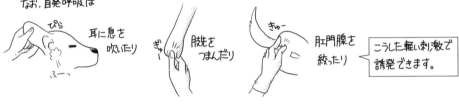

ぴら
ふーっ

耳に息を
吹いたり

ぎゅ

肢先を
つまんだり

きゃー

肛門腺を
絞ったり

こうした軽い刺激で
誘発できます。

4. 自発呼吸が安定したら,

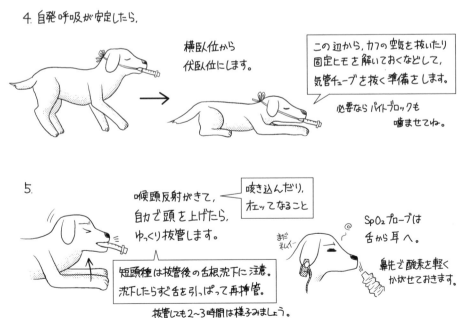

横臥位から
伏臥位にします。

この辺から,カフの空気を抜いたり
固定ヒモを解いておくなどして,
気管チューブを抜く準備をします。

必要なら バイトブロックも
噛ませてね。

5.

喉頭反射がきて,
自力で頭を上げたら,
ゆっくり抜管します。

咳き込んだり,
オェッてなること

SpO₂プローブは
舌から耳へ。

まだ
ねむい

鼻先で酸素を軽く
かがせておきます。

短頭種は抜管後の舌根沈下に注意。
沈下したらすぐ舌を引っぱって再挿管。

抜管しても2~3時間は様子みましょう。

6. ケージ内や酸素室で休ませて、

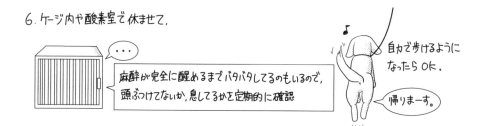

…

麻酔が完全に醒めるまでバタバタしてるのもいるので、
頭ぶつけてないか、息してるかを定期的に確認

自力で歩けるように
なったら OK。

帰りまーす。

7.

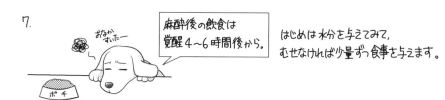

おなか
すいたー

ポチ

麻酔後の飲食は
覚醒4〜6時間後から。

はじめは水分を与えてみて、
むせなければ少量ずつ食事を与えます。

ピピピピ
ピピピピ
ピピピピ
ピピピピ
ピピピ

100
95
33
120/85
(70) 38.0 15/13

うーん
うーん

監視ローテ後の疲れきった体に
モニター音の空耳は生き地獄そのもの。

zzz

11.
安楽死
グリーフケア

◆ 安楽死の適用 ◆

2020年2月現在，国内において動物の安楽死は違法ではありません。

お国柄なのか，安楽死を選ぶ飼い主は諸外国と比べて多くはないんだけど，
適用が推奨されるケースというのがあります。

海外の患者さん相手にすると
温度差を実感する…。

- これ以上治療の施しようがなく，動物の著しい
  QOLの低下により苦痛のみ残る場合

- 治療費をこれ以上かけられないなど，飼い主の
  金銭的問題

- 動物の介護などによる，飼い主の著しいQOL低下   など

状況にもよるけど安易に勧めてはいけないし，飼い主側の事情であれば，
そこを解決することで回避できるケースも多々あります。

本当に安楽死しか選択肢がないのか，飼い主と一緒によく考えてね。

◆ 安楽死のやり方 ◆   ← 最も一般的なやり方？
〈用意するもの〉

1. 鎮静薬

メデトミジン とか

2. 塩化カリウム溶液

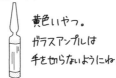

黄色いやつ。
ガラスアンプルは
手を切らないようにね。

3. モニター

心電図が
わかればOK

136

〈手順〉 — 飼い主立ち会いのこともあります。慌てずにね。

1. 心電図モニターをつけて，

鎮静を
強めにかけます。

意識がなくなるくらい深くかけてOK。
その方が動物も飼い主も苦痛が軽くなります。

2. 塩化カリウムを 1〜2 mmoL/kg で急速 IV すると，

心電図は　　　　期外収縮が出てきて，　　徐脈になって，　　止まります。

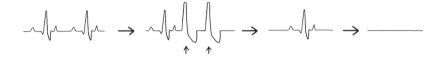

ほかにも方法はあるんだけど，共通して言えることは，
「死にゆく動物に対してストレス，不安，痛みを与えないこと」です。

◆ 死亡確認 ◆ — 心電図が止まった後は… 以下の3点で判定します。

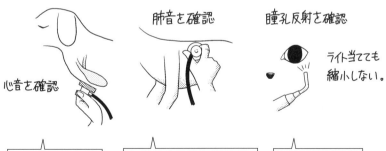

肺音を確認

瞳孔反射を確認

ライト当てても
縮小しない。

心音を確認

| 心音は止まっているか | 5分以上呼吸が止まっているか | 中枢の機能停止 |

安楽死処置すると，ある意味「儀式的」になっちゃうんだけど，
しっかり見て聞いて，医学的な判定をしましょう。

◆ 遺体の処置 ◆

動物はヒトと違って死亡時に目を閉じないことが多いので,

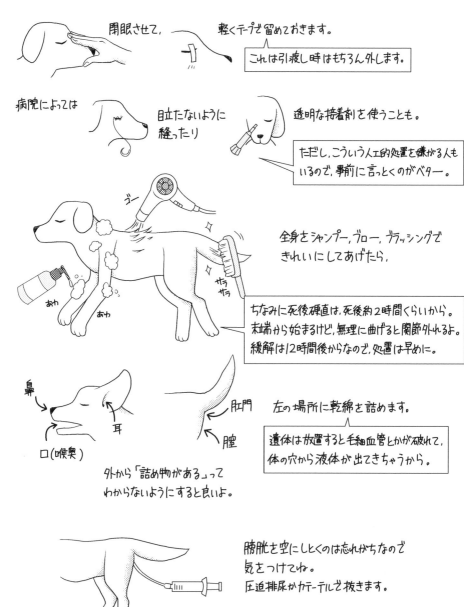

閉眼させて, 軽くテープで留めておきます。

これは引渡し時はもちろん外します。

病院によっては

目立たないように縫ったり

透明な接着剤を使うことも。

ただし,こういう人工的処置を嫌がる人もいるので,事前に言っとくのがベター。

全身をシャンプー,ブロー,ブラッシングできれいにしてあげたら,

ゴー

あわ　あわ　あわ

サラサラ

ちなみに死後硬直は,死後約2時間くらいから。
末端から始まるけど,無理に曲げると関節外れるよ。
緩解は12時間後からなので,処置は早めに。

鼻

耳

口(喉奥)

肛門

膣

左の場所に乾綿を詰めます。

遺体は放置すると毛細血管とかが破れて,
体の穴から液体が出てきちゃうから。

外から「詰め物がある」って
わからないようにすると良いよ。

膀胱を空にしとくのは忘れがちなので
気をつけてね。
圧迫排尿かカテーテルで抜きます。

◆ 遺体の引渡し ◆

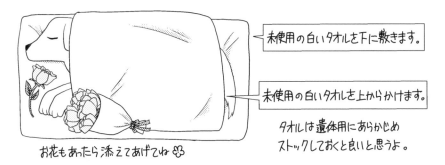

未使用の白いタオルを下に敷きます。

未使用の白いタオルを上からかけます。

タオルは遺体用にあらかじめ
ストックしておくと良いと思うよ。

お花もあったら添えてあげてね ❀

棺桶になるダンボール製の箱も あるんだけど,

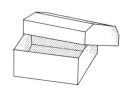

硬直始まっちゃうと中に入れるのが大変になっちゃうので,
あらかじめ使うかどうか聞いておこう。

あと大型犬用だと普通の乗用車に乗らないこともあるので注意。

引渡しは静かで落ちつける部屋で行います。1例として,

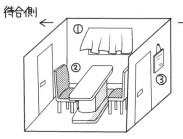

待合側 ←

→ スタッフ側

① 窓があったらカーテンを閉める。
② 椅子を用意する。
③ スタッフ側のみえるところに 静かにしておいて
　もらうよう提示 (ホワイトボード使ったりとか)　など

引渡し中

かべ

特に笑い声なんかは, ホント気をつけてね …。

あと, 引渡し時じゃなくても良いんだけど,

・ 保健所の登録抹消
・ 遺体の葬り方
は, どこかで話しておくと良いよ。

◆ グリーフケア ◆

〈前提として〉

グリーフケアをするうえで大切なのは
精神的、肉体的に健康なこと。

もうムリ…

毎日の業務で疲弊している状態で
様々な飼い主のケアをするのは
非常に困難になります。

特に医療従事者は献身的な人が
多いので身体を壊しやすい…。

〈グリーフケアの基礎知識〉

悲しみには7段階あると考えられていて、ペットロスグリーフもこれに準じます。

1. ショックと否認
2. 苦悩と罪悪感
3. 怒りと取引
4. 抑うつ、内省
5. 生活の順応
6. 新たな日常
7. 受容と希望

この段階に「正しい」順序はありません。
全く経験しない段階もあれば、何度も同じ
段階を経験することもあります。

この7段階を理解しておくことで、
現在どういった感情なのか、
また衝撃の変化していく過程が予想できるので、
グリーフの段階を乗り越えるストレスが軽減されます。

慰めたくなるんだけど…
飼い主が悲しみを正常に示しているならば
そのまま、そっとしておきましょう…。

飼い主が感情を十分に表現できるまで待ちましょう…。

〈NGワード集〉─飼い主を傷つけるかもしれません…

①

> ○○ちゃんは素晴らしい一生を送りましたね。
> あなたは動物に対してできることを、すべてしてあげました。

➡ 一見良さげに みえますが、飼い主を突き放してしまい、飼い主が
話したり、感じたりする余地を全く与えないことになります。
安楽死だった場合、罪悪感や後悔を感じさせてしまいます。
こういうときは何も言わず、飼い主の話をただ聞きましょう。

②

> いかがですか？ 落ちつきましたか？

➡ 相手にプレッシャーをかけてしまいます。
久しぶりに 飼い主に会ったときや悲しい知らせを
聞いたばかりのときは代わりに「今はとてもお辛いですね」などと
言うことが できます。

③

> ほかの子を飼うのを考えてみるのも良いですよ？

➡ 飼い主の大切な動物が取り替え可能なものであり、
悲しみを正当化できないと感じてしまいます。

④

いつかは起こることです。
みんないつか死にます。

➡ 死は生命の一部です。それでも死を待っている、または死を
体験している人にこのような言葉をかけると、死の瞬間や
その人の計り知れない悲しみを過小評価してしまいます。
「○○ちゃんのことがとても恋しいですよね？」とか言う方がベター。

〈グリーフケアの注意点〉← 以下の3点を心がけてみてね。

1. 飼い主のグリーフに応対する前に息を整えて、自分の意見を
決して落しつけないように。

2. ペットロスに直面している飼い主に対して、慌てて何かを
言わないように。

3. まずは飼い主の話を聞く。その間、何も言う必要は
ありません。後で後悔するようなことを言わないように
待ちます。

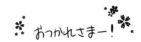

おつかれさまー！

● ● ● ● ● ● ● ● ● ● ● ● ● ● 参考文献 ● ● ● ● ● ● ● ● ● ● ● ● ● ●

1. Nick B.,et al.(2010)：BSAVA Guide to Procedures in Small Animal Practice, BSAVA
2. 森皆ねじ子(2009)：ねじ子のヒミツ手技1st Lesson, エス・エム・エス
3. 獣医神経病学会：脳脊髄液検査のガイドライン Ver.1
4. 高野裕史(2015)：心エコー検査(院内用資料)
5. 坂井 学 監修(2013)：犬の腹部超音波診断アトラス, インターズー
6. H. Kanemoto, et al.(2008)：Vascular and Kupffer imaging of canine liver and spleen using the new contrast agent Sonazoid, J Vet Med Sci. 70:1265-1268
7. 中村健介(2012)：犬の肝臓腫瘤診断におけるソナゾイド造影超音波検査, 北獣会誌. 56:37-41
8. 富士フイルム モノリス株式会社：検査案内2019～2020
9. Richard W. Nelson, et al.(2008)：Small Animal Internal Medicine, 4th ed., Mosby
10. 腫瘍科勉強会2013(院内用資料)
11. AAHA Oncology(2016)：Chemotherapy Extravasation Management, In: Guidelines for Dogs and Cats
12. 飯塚智也ほか(2016)：気管挿管が困難であったため猫用の声門上器具(V-gel®)で気道管理を実施した犬の1例, 日本獣医麻酔外科誌. 47(1):7-12
13. 枝村一弥(2007)：ロジックで攻める！初心者のための小動物の実践外科学, チクサン出版
14. コヴィディエンアカデミア(http://www.covidien.co.jp/medical/academia)
15. Medical SARAYA(https://med.saraya.com/kansen/surgical/shodoku.html)
16. 古谷伸之 編(2005)：診察と手技がみえるvol.1, メディックメディア
17. 西村亮平ほか監修(2017)：小動物外科診療ガイド, 学窓社
18. 佐野忠士(2010)：動物看護師のための麻酔超入門, インターズー
19. Wendy Van de Poll(2017)：The Pet Professional's Guide to Pet Loss: How to Prevent Burnout, Support Clients, and Manage the Business of Grief, Spirit Paw Press, LLC
20. 北見まき研修医時代のメモ帳, 学生時代の授業資料

Special Thanks

株式会社 学窓社のみなさま、デザイナーの金森さま、過去・現在のVMCのみなさま、友人のみなさま、Twitterフォロワーのみなさま、
家族、かわいい我が家の歴代の猫たちと今の猫たち(大和・ひなの・尊)

藤井康一 Fujii Koichi

獣医師、獣医学修士、博士（学術）、経営管理修士
藤井動物病院 院長（エンベット動物病院グループ）
DVMsどうぶつ医療センター横浜 代表取締役

北見まき Kitami Maki

2013年獣医師免許取得。都内の大学附属
動物病院に3年勤務し、2017年からイラス
トレーター兼業。
猫と内科と画像診断が好き。猫に囲まれな
がら絵を描いて生きていきたい。

• •

1年目を生き抜く 動物病院サバイバルノートおかわり

発行日　2020年4月 1 日　第1刷
　　　　2022年5月18日　第2刷
定価　3,000円（税抜）
総監修　藤井康一
原案・イラスト　北見まき
発行者　山口勝士
発行　株式会社 学窓社
　　　東京都文京区西片2-16-28
　　　Tel 03(3818)8701
　　　Fax 03(3818)8704
　　　http://www.gakusosha.com
表紙デザイン　金森大宗（GROW UP）
印刷　株式会社シナノパブリッシングプレス
©Gakusosha, 2020

落丁・乱丁本は購入店名を明記のうえ、営業部宛へお送りください。
送料小社負担にてお取替えいたします。

Printed in Japan ISBN 978-4-87362-774-8